数据中国"百校工程"项目系列教材
数据科学与大数据技术专业系列规划教材

Spark
大数据技术与应用

赵红艳 许桂秋 ◉ 主编
潘晓洋 张越 李阳 张军 王露露 ◉ 副主编

BIG DATA
Technology

人民邮电出版社
北京

图书在版编目（CIP）数据

Spark大数据技术与应用 / 赵红艳，许桂秋主编. --北京：人民邮电出版社，2019.4（2020.12重印）
数据科学与大数据技术专业系列规划教材
ISBN 978-7-115-50347-3

Ⅰ. ①S… Ⅱ. ①赵… ②许… Ⅲ. ①数据处理软件—教材 Ⅳ. ①TP274

中国版本图书馆CIP数据核字(2019)第029374号

内 容 提 要

本书采用理论与实践相结合的方式，介绍了 Spark 大数据分析计算框架的基础知识，培养读者使用 Spark 解决实际问题的能力。本书内容包括：Spark 简介与运行原理、Spark 的环境搭建、使用 Python 开发 Spark 应用、Spark RDD、DataFrame 与 Spark SQL、Spark Streaming、Spark 机器学习库、GraphFrames 图计算，并给出了两个综合案例：出租车数据分析、图书推荐系统。

本书可作为高等院校计算机、数据科学与大数据技术等相关专业的教材，也可作为 Spark 开发人员的参考用书。

◆ 主　编　赵红艳　许桂秋
　副主编　潘晓洋　张越　李阳　张军　王露露
　责任编辑　李召
　责任印制　陈犇

◆ 人民邮电出版社出版发行　北京市丰台区成寿寺路11号
　邮编　100164　电子邮件　315@ptpress.com.cn
　网址　http://www.ptpress.com.cn
　三河市君旺印务有限公司印刷

◆ 开本：787×1092　1/16
　印张：8.75　　　　　　　2019年4月第1版
　字数：214千字　　　　　2020年12月河北第4次印刷

定价：39.80 元

读者服务热线：(010)81055256　印装质量热线：(010)81055316
反盗版热线：(010)81055315
广告经营许可证：京东市监广登字 20170147 号

前言

随着信息技术的飞速发展,人类社会正在走向数据技术时代,大数据作为数据技术时代的重要组成部分,背后隐藏的价值逐渐被行业组织、政府部门以及社会公众所认识和关注。与传统的数据相比,大数据具有体量巨大、类型多样、价值密度低、高速性等特点,传统的技术手段已经不能满足大数据处理与分析的要求。

在 Spark 大数据分析计算框架诞生之前,Hadoop 起着重要的作用,在实际的项目中担任数据分析和存储的角色,但在实时性和处理速度等方面均不具备优势,Spark 的出现打破了这种局面。Spark 提供了高级应用程序编程接口,应用开发者只需专注于应用计算本身而不用关注集群。Spark 计算速度快,支持交互式计算和复杂算法。同时,Spark 是一个通用引擎,用户可用它来完成各种运算,包括 SQL 查询、文本处理、机器学习等。

本书作为大数据分析与内存计算的入门教材,希望能够帮助读者打开大数据分析与应用的大门。全书采用理论结合实践的方式,循序渐进地介绍了 Spark 的运行原理,并引入综合性的实践案例,引导读者运用所学知识解决现实中的问题。

全书共分为 10 章。第 1 章主要介绍了 Spark 的发展历程、起源和基本的运行原理,为后面章节学习 Spark 组件打下基础。第 2 章介绍了 Spark 的环境搭建,从软件下载、解压到环境变量、相应参数的设置等方面讲解了如何在本地搭建 Spark 环境。第 3 章主要介绍了 Python 编程语言、PySpark 的启动和日志的设置、PySpark 开发包的安装以及如何使用开发工具 PyCharm 编写 Spark 应用。第 4 章主要介绍了 Spark RDD 弹性分布式数据集,内容包括 RDD 的特点、创建 RDD 的过程、RDD 的常用算子以及 RDD 的持久化。第 5 章主要介绍了 DataFrame 与 Spark SQL 的区别与联系,并对常用操作进行了阐释。第 6 章介绍了 Spark Streaming 的特点、不同数据源的加载、DStream 输出与转换操作以及与 DataFrame 和 SQL 的互操作。第 7 章主要介绍了机器学习的相关概念、机器学习的一般流程、Spark 机器学习库 MLlib 和 ML。第 8 章主要介绍了基于 Spark 的第三方开源图计算工具 GraphFrames,内容包括图的概念、图的操作和图算法,并用实际案例进行了应用操作。第 9 章和第 10 章分别介绍了综合实例:出租车数据分析和图书推荐系统,通过两个综合实例让读者从理论阶段上升到实际应用阶段,帮助读者更深入理解 Spark 的使用方法。

本课程建议安排 64 课时，教师可根据学生的实际学习情况以及高校的培养方案选择教学内容。本书可以作为高等院校计算机、数据科学与大数据技术等相关专业的教材，也可作为 Spark 开发人员的参考用书。

由于编者水平有限，书中难免出现一些疏漏和不足，恳请广大读者批评指正。

编者

2019 年 1 月

目 录

第 1 章　Spark 简介与运行原理 ……1
1.1　Spark 是什么 …………………… 1
1.1.1　Spark 的版本发展历程 ……… 2
1.1.2　Spark 与 Hadoop 的区别与联系 …… 2
1.1.3　Spark 的应用场景 …………… 3
1.2　Spark 的生态系统 ………………… 3
1.3　Spark 的架构与原理 ……………… 4
1.3.1　Spark 架构设计 ……………… 4
1.3.2　Spark 作业运行流程 ………… 5
1.3.3　Spark 分布式计算流程 ……… 6
1.4　Spark 2.X 新特性 ………………… 6
1.4.1　精简的 API …………………… 6
1.4.2　Spark 作为编译器 …………… 7
1.4.3　智能化程度 …………………… 7
1.5　小结 ………………………………… 7
习题 ………………………………………… 8

第 2 章　Spark 的环境搭建 …………… 9
2.1　环境搭建前的准备 ………………… 9
2.2　Spark 相关配置 ………………… 13
2.2.1　安装 SSH …………………… 13
2.2.2　SSH 免密码登录 …………… 14
2.2.3　修改访问权限 ……………… 15
2.2.4　修改 profile 文件 …………… 15
2.2.5　修改 Spark 配置文件 ……… 16
2.3　Spark 集群启动与关闭 ………… 17
2.4　Spark 应用提交到集群 ………… 18
2.5　Spark Web 监控页面 …………… 19
2.6　小结 ……………………………… 20
习题 ……………………………………… 20

第 3 章　使用 Python 开发 Spark 应用 ……………………………… 21
3.1　Python 编程语言 ………………… 21
3.1.1　Python 语言介绍 …………… 21
3.1.2　PySpark 是什么 …………… 22
3.2　PySpark 的启动与日志设置 …… 22
3.2.1　PySpark 的启动方式 ……… 22
3.2.2　日志输出内容控制 ………… 24
3.3　PySpark 开发包的安装 ………… 24
3.3.1　使用 pip 命令安装 ………… 24
3.3.2　使用离线包安装 …………… 25
3.4　使用 PyCharm 编写 Spark 应用 …… 25
3.4.1　PyCharm 的安装与基本配置 …… 25
3.4.2　编写 Spark 应用 …………… 27
3.5　小结 ……………………………… 29
习题 ……………………………………… 30

第 4 章　Spark RDD …………………… 31
4.1　弹性分布式数据集 ……………… 31
4.1.1　RDD 的定义 ………………… 31
4.1.2　RDD 的特点 ………………… 32
4.1.3　RDD 的创建 ………………… 33
4.1.4　RDD 的操作 ………………… 34
4.2　transform 算子 ………………… 34
4.2.1　map 转换 …………………… 34
4.2.2　flatMap 转换 ……………… 35

4.2.3	filter 转换	35
4.2.4	union 转换	35
4.2.5	intersection 转换	36
4.2.6	distinct 转换	36
4.2.7	sortBy 转换	36
4.2.8	mapPartitions 转换	36
4.2.9	mapPartitionsWithIndex 转换	37
4.2.10	partitionBy 转换	37

4.3 action 算子 ················ 37
    4.3.1 reduce(f)动作 ············ 37
    4.3.2 collect( )动作 ············ 38
    4.3.3 count( )动作 ············· 38
    4.3.4 take(num)动作 ············ 39
    4.3.5 first( )动作 ·············· 39
    4.3.6 top(num)动作 ············· 39
    4.3.7 saveAsTextFile( )动作 ······ 39
    4.3.8 foreach(f)动作 ············ 40
    4.3.9 foreachPartition(f)动作 ····· 40

4.4 RDD Key-Value 转换算子 ······ 41
    4.4.1 mapValues(f)操作 ········· 41
    4.4.2 flatMapValues(f)操作 ······· 41
    4.4.3 combineByKey 操作 ········ 41
    4.4.4 reduceByKey 操作 ········· 42
    4.4.5 groupByKey 操作 ·········· 42
    4.4.6 sortByKey 操作 ··········· 43
    4.4.7 keys( )操作 ·············· 43
    4.4.8 values( )操作 ············· 43
    4.4.9 join 操作 ················ 43
    4.4.10 leftOuterJoin 操作 ········ 43
    4.4.11 rightOuterJoin 操作 ······· 44

4.5 RDD Key-Value 动作运算 ······ 44
    4.5.1 collectAsMap( )操作 ······· 44
    4.5.2 countByKey( )操作 ········ 44

4.6 共享变量 ·················· 45
    4.6.1 累加器 ················· 45
    4.6.2 广播变量 ··············· 45

4.7 依赖关系 ·················· 47
    4.7.1 血统 ··················· 47
    4.7.2 宽依赖与窄依赖 ·········· 47
    4.7.3 shuffle ················· 48
    4.7.4 DAG 的生成 ············· 49

4.8 Spark RDD 的持久化 ·········· 50
    4.8.1 持久化使用方法 ·········· 50
    4.8.2 持久化存储等级 ·········· 51
    4.8.3 检查点 ················· 52

4.9 小结 ······················ 52
习题 ··························· 52

第 5 章 DataFrame 与 Spark SQL ··· 54

5.1 DataFrame ················· 54
    5.1.1 DataFrame 介绍 ·········· 54
    5.1.2 DataFrame 创建 ·········· 55

5.2 Spark SQL ·················· 56
    5.2.1 Spark SQL 介绍 ·········· 56
    5.2.2 Spark SQL 的执行原理 ····· 57
    5.2.3 Spark SQL 的创建 ········ 58

5.3 Spark SQL、DataFrame 的常用操作 ··· 61
    5.3.1 字段计算 ··············· 61
    5.3.2 条件查询 ··············· 62
    5.3.3 数据排序 ··············· 63
    5.3.4 数据去重 ··············· 63
    5.3.5 数据分组统计 ············ 64
    5.3.6 数据连接 ··············· 65
    5.3.7 数据绘图 ··············· 67

5.4 小结 ······················ 68
习题 ··························· 69

第 6 章　Spark Streaming ……70

6.1　Spark Streaming 介绍……70
- 6.1.1　什么是 Spark Streaming ……70
- 6.1.2　Spark Streaming 工作原理……70

6.2　流数据加载……71
- 6.2.1　初始化 StreamingContext ……71
- 6.2.2　Discretized Stream 离散化流……71
- 6.2.3　Spark Streaming 数据源……72

6.3　DStream 输出操作……73

6.4　DStream 转换操作……75
- 6.4.1　map 转换……75
- 6.4.2　flatMap 转换……76
- 6.4.3　filter 转换……76
- 6.4.4　reduceByKey 转换……77
- 6.4.5　count 转换……77
- 6.4.6　updateStateByKey 转换……77
- 6.4.7　其他转换……78

6.5　DataFrame 与 SQL 操作……78

6.6　实时 WordCount 实验……79

6.7　小结……81

习题 ……81

第 7 章　Spark 机器学习库……82

7.1　Spark 机器学习库……82
- 7.1.1　机器学习简介……82
- 7.1.2　Spark 机器学习库的构成……82

7.2　准备数据……83
- 7.2.1　获取数据……83
- 7.2.2　数据预处理……84
- 7.2.3　数据探索……84

7.3　使用 MLlib 机器学习库……85
- 7.3.1　搭建环境……85
- 7.3.2　加载数据……86
- 7.3.3　探索数据……89
- 7.3.4　预测婴儿生存机会……92

7.4　使用 ML 机器学习库……93
- 7.4.1　转换器、评估器和管道……94
- 7.4.2　预测婴儿生存率……95

7.5　小结……97

习题 ……97

第 8 章　GraphFrames 图计算……98

8.1　图……98
- 8.1.1　度……99
- 8.1.2　路径和环……99
- 8.1.3　二分图……100
- 8.1.4　多重图和伪图……100

8.2　GraphFrames 介绍……101
- 8.2.1　应用背景……101
- 8.2.2　GraphFrames 库……102
- 8.2.3　使用 GraphFrames 库……102

8.3　GraphFrame 编程模型……102
- 8.3.1　GraphFrame 实例……103
- 8.3.2　视图和图操作……104
- 8.3.3　模式发现……105
- 8.3.4　图加载和保存……105

8.4　GraphFrames 实现的算法……106
- 8.4.1　广度优先搜索……106
- 8.4.2　最短路径……106
- 8.4.3　三角形计数……107
- 8.4.4　连通分量……107
- 8.4.5　标签传播算法……108
- 8.4.6　PageRank 算法……109

8.5　基于 GraphFrames 的网页排名……110
- 8.5.1　准备数据集……110
- 8.5.2　创建 GraphFrames ……111
- 8.5.3　使用 PageRank 进行网页排名……111

8.6　小结……111

习题 ··· 111

第 9 章　出租车数据分析 ················ 112
9.1　数据处理 ···································· 112
9.2　数据分析 ···································· 113
9.2.1　创建 DataFrame ················ 113
9.2.2　KMeans 聚类分析 ············· 114
9.3　百度地图可视化 ························ 115
9.3.1　申请地图 key ···················· 115
9.3.2　聚类结果可视化 ·············· 116
9.4　小结 ·· 117

第 10 章　图书推荐系统 ···················· 118
10.1　Django 简介 ······························ 118
10.1.1　Django 是什么 ················ 118
10.1.2　ORM 模型 ······················· 119
10.1.3　Django 模板 ···················· 119

10.1.4　View 视图 ························ 120
10.2　Django 项目搭建 ······················ 121
10.2.1　创建项目 ························ 121
10.2.2　创建应用 ························ 122
10.2.3　创建模型 ························ 122
10.3　推荐引擎设计 ·························· 124
10.3.1　导入数据 ························ 124
10.3.2　训练模型 ························ 126
10.3.3　图书推荐 ························ 127
10.4　系统设计与实现 ······················ 128
10.4.1　Bootstrap 介绍与使用 ···· 128
10.4.2　Redis 数据库安装与使用 ···· 129
10.4.3　视图与路由设计 ············ 130
10.5　小结 ·· 132

第 1 章
Spark 简介与运行原理

Spark 是现在流行的大数据分析计算框架，在大数据应用中起着不可或缺的作用。本章从 Spark 的产生、发展及其生态圈等方面对 Spark 进行介绍。

本章主要内容如下。

（1）Spark 是什么。

（2）Spark 的生态系统。

（3）Spark 架构与原理。

（4）Spark 2.X 新特性。

1.1 Spark 是什么

Spark 是 2009 年由马泰·扎哈里亚（Matei Zaharia）在加州大学伯克利分校的 AMPLab 实验室开发的子项目，经过开源后捐赠给 Apache 软件基金会，最后成为我们现在众所周知的 Apache Spark。它是由 Scala 语言实现的专门为大规模数据处理而设计的快速通用的计算引擎。经过多年的发展，现已形成了一个高速发展、应用广泛的生态系统。

Spark 主要有以下 3 个特点。

（1）Spark 提供了高级应用程序编程接口（Application Programming Interface，API），应用开发者只用专注于应用计算本身即可，而不用关注集群。

（2）Spark 计算速度快，支持交互式计算和复杂算法。

（3）Spark 是一个通用引擎，可用它来完成各种运算，包括 SQL 查询、文本处理、机器学习、实时流处理等。在 Spark 出现之前，我们一般需要学习使用各种各样的大数据分析引擎来分别实现这些需求。

1.1.1　Spark 的版本发展历程

Spark 从诞生至今迭代了很多个版本,其性能和生态也是越来越好,目前已经升级到 2.3.2 版本。其主要发展历程如表 1-1 所示。

表 1-1　　　　　　　　　　　　Spark 的版本发展历程

年代	说明
2009	Spark 由 Matei Zaharia 在加州大学伯克利分校的 AMPLab 实验室开发
2010	通过 BSD 授权条款发布开放源码
2013	Spark 项目被捐赠给 Apache 软件基金会
2014/2	Spark 成为 Apache 的顶级项目
2014/11	Databricks 团队使用 Spark 刷新数据排序的世界纪录
2015/3	Spark 1.3.0 版本发布,开始加入 DataFrame 与 SparkML
2016/7	Spark 2.0.0 版本发布,提升执行性能,更容易被使用
2017/7	Spark 2.2.0 版本发布,从结构化流中删除实验标签
2018/2	Spark 2.3.0 版本发布,增加对结构流连续处理的支持
2018/9	Spark 2.3.2 版本发布

1.1.2　Spark 与 Hadoop 的区别与联系

Spark 与 Hadoop 处理的许多任务相同,但是在以下两个方面不相同。

(1) 解决问题的方式不一样

Hadoop 和 Spark 两者都是大数据框架,但是各自的属性和性能却不完全相同。Hadoop 是一个分布式数据基础设施,它将巨大的数据集分派到一个由普通计算机组成的集群中的多个节点进行存储,这意味着我们不需要购买和维护昂贵的服务器硬件。同时,Hadoop 还会对这些数据进行排序和追踪,这使得大数据处理和分析更加迅速高效。

Spark 则是一个专门用来对分布式存储的大数据进行处理的工具,但它并不会进行分布式数据的存储。

(2) 两者可合可分

Hadoop 不仅提供了 HDFS 分布式数据存储功能,还提供了 MapReduce 的数据处理功能。因此我们可以不使用 Spark,而选择使用 Hadoop 自身的 MapReduce 对数据进行处理。

同样，Spark 也不一定需要依附在 Hadoop 系统中。但如上所述，因为 Spark 没有提供文件管理系统，所以它需要和其他的分布式文件系统先进行集成然后才能运作。

1.1.3 Spark 的应用场景

Spark 使用了内存分布式数据集技术，除了能够提供交互式查询外，它还提升了迭代工作负载的性能。在互联网领域，Spark 有快速查询、实时日志采集处理、业务推荐、定制广告、用户图计算等强大功能。国内外的一些大公司，比如谷歌（Google）、阿里巴巴、英特尔（Intel）、网易、科大讯飞等都有实际业务运行在 Spark 平台上。

下面简单介绍一下 Spark 在各个领域中的用途。

（1）快速查询系统。基于日志数据的快速查询系统业务构建于 Spark 之上，利用其快速查询和内存表等优势，Spark 能够承担大多数日志数据的即时查询工作，在性能方面普遍比 Hive 快 2~10 倍。如果借助内存表的功能，性能将会比 Hive 快百倍。

（2）实时日志采集处理系统。Spark 流处理模块对业务日志进行实时快速迭代处理，并进行综合分析，用来满足线上系统分析要求。

（3）业务推荐系统。Spark 将业务推荐系统的小时和天级别的模型训练，转变为分钟级别的模型训练；能有效地优化相关排名、个性化推荐以及热点分析等。

（4）定制广告系统。定制广告业务需要大数据做应用分析、效果分析、定向优化等，借助 Spark 快速迭代的优势，可以实现在"数据实时采集、算法实时训练、系统实时预测"的全流程实时并行高维算法，支持上亿的请求量处理。模拟广告投放计算延迟小、效率高，同 MapReduce 相比，延迟至少降低一个数量级。

（5）用户图计算。利用 Spark 图计算解决了许多生产问题，如基于分布的中枢节点发现、基于最大连通图的社区发现、基于三角形计数的关系衡量、基于随机游走的用户属性传播等。

1.2 Spark 的生态系统

Spark 生态系统以 Spark Core 为核心，利用 Standalone、YARN 和 Mesos 等进行资源调度管理，完成应用程序分析与处理。这些应用程序来自 Spark 的不同组件，如 Spark Shell、Spark Submit 交互式批处理、Spark Streaming 实时流处理、Spark SQL 快速查询、MLlib 机器学习、GraphX 图处理等，如图 1-1 所示。

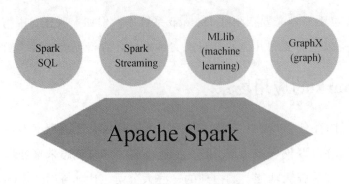

图 1-1　Spark 生态系统图

（1）Spark Core 提供 Spark 最基础与最核心的功能，它的子框架包括 Spark SQL、Spark Streaming、MLlib 和 GraphX。

（2）Spark Streaming 是 Spark API 核心的一个存在可达到超高通量的扩展，可以处理实时数据流的数据并进行容错。它可以从 Kafka、Flume、Twitter、ZeroMQ、Kinesis、TCP sockets 等数据源获取数据，并且可以使用复杂的算法和高级功能对数据进行处理。处理后的数据可以被推送到文件系统或数据库。

（3）Spark SQL 是一种结构化的数据处理模块。它提供了一个称为 Data Frame 的编程抽象，也可以作为分布式 SQL 查询引擎。

一个 DataFrame 相当于一个列数据的分布式采集组织，类似于一个关系型数据库中的一个表。它可以从多种方式构建，如结构化数据文件、Hive、外部数据库或分布式动态数据集（RDD）。

（4）GraphX 在 Graphs 和 Graph-parallel 并行计算中是一个新的部分，GraphX 是 Spark 上的分布式图形处理架构，可用于图表计算。

1.3　Spark 的架构与原理

1.3.1　Spark 架构设计

Spark 架构主要包括客户端驱动程序 Driver App、集群管理器 Cluster Manager、工作节点 Worker 以及基本任务执行单元 Executor。

（1）Driver App 是客户端驱动程序，也可以理解为客户端应用程序，用于将任务程序转换为 RDD 和 DAG，并与 Cluster Manager 进行通信与调度。

（2）Cluster Manager 是 Spark 的集群管理器。它主要负责资源的分配与管理。集群管理器分配的资源属于一级分配，它将各个 Worker 上的内存、CPU 等资源分配给应用程序，但是并不分配 Executor 的资源。目前，Standalone、YARN、Mesos、EC2 等都可以作为 Spark 的集群管理器。

（3）Worker 是 Spark 的工作节点。对 Spark 应用程序来说，由集群管理器分配得到资源的 Worker 节点主要负责以下工作：创建 Executor，将资源和任务进一步分配给 Executor，然后同步资源信息给 Cluster Manager。

（4）Executor 是 Spark 任务的执行单元。它主要负责任务的执行以及与 Worker、Driver App 的信息同步。

Spark 架构设计图如图 1-2 所示。

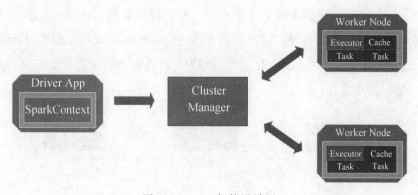

图 1-2　Spark 架构设计图

1.3.2　Spark 作业运行流程

Spark 作业流程图如图 1-3 所示。

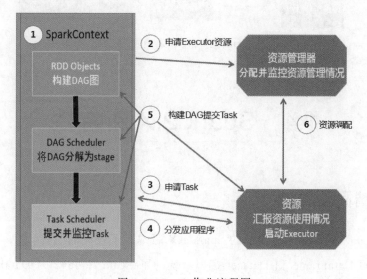

图 1-3　Spark 作业流程图

（1）构建 Spark Application 的运行环境，启动 SparkContext。

（2）SparkContext 向资源管理器申请运行 Executor 资源，并启动 StandaloneExecutorbackend。

（3）Executor 向 SparkContext 申请 Task。

（4）SparkContext 将应用程序分发给 Executor。

（5）SparkContext 构建 DAG 图，将 DAG 图分解成 Stage，将 Taskset 发送给 Task Scheduler，由 Task Scheduler 将 Task 发送给 Executor 运行。

（6）Task 在 Executor 上运行，运行完释放所有资源。

1.3.3　Spark 分布式计算流程

Spark 分布式计算流程包含以下几个步骤：首先分析应用的代码创建有向无环图，然后将有向无环图划分为 Stage，然后 Stage 生成作业（job），生成作业后由 FinalStage 提交任务集，提交任务的工作交给 TaskSets 完成，然后每个 Task 执行所分配的任务，最终 Results 跟踪结果。流程图如图 1-4 所示。

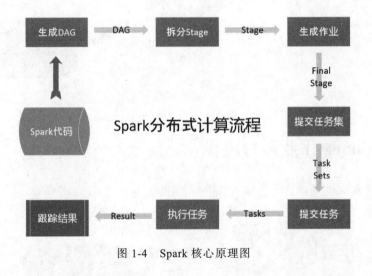

图 1-4　Spark 核心原理图

1.4　Spark 2.X 新特性

1.4.1　精简的 API

从 Spark 2.0 版本开始，与之前的 Spark 1.X 版本有了较大的改变。

（1）统一的 DataFrame 和 Dataset 接口。统一了 Scala 和 Java 的 DataFrame、Dataset

接口，在 R 和 Python 中由于缺乏安全类型，DataFrame 成为主要的程序接口。

（2）新增 SparkSession 入口。SparkSession 替代原来的 SQLContext 和 HiveContext 作为 DataFrame 和 Dataset 的入口函数。SQLContext 和 HiveContext 保持向后兼容。

（3）为 SparkSession 提供全新的工作流式配置。

（4）更易用、更高效的计算接口。

（5）Dataset 中的聚合操作有全新的、改进的聚合接口。

1.4.2 Spark 作为编译器

Spark 2.0 搭载了第二代 Tungsten 引擎，该引擎是根据现代编译器与 MPP 数据库的理念来构建的，它将这些理念用于数据处理中，其主要思想就是在运行时使用优化后的字节码，将整体查询合成为单个函数，不再使用虚拟函数调用，而是利用 CPU 来注册中间数据。

为了有直观的感受，表 1-2 显示了 Spark 1.6 与 Spark 2.0 分别在一个核上处理一行的操作时间（单位：ns）。

表 1-2　　　　　Spark 1.6 与 Spark 2.0 操作时间对比图　　　　　单位：ns

原生的函数	Spark 1.6	Spark 2.0
filter	15	1.1
sum w/o group	14	0.9
sum w/ group	79	10.7
hash join	115	4.0
sort (8-bit entropy)	620	5.3
sort (64-bit entropy)	620	40
sort-merge join	750	700

1.4.3 智能化程度

为了实现 Spark 更快、更轻松、更智能的目标，Spark 2.X 在许多模块上都做了重要的更新，如 Structured Streaming 引入了低延迟的连续处理（Continuous Processing）、支持 Stream-to-stream Joins、通过改善 Pandas UDFs 的性能来提升 PySpark、支持第 4 种调度引擎 Kubernetes Clusters（其他 3 种分别是自带的独立模式 Standalone、YARN、Mesos）等。

1.5 小结

本章主要介绍了 Spark 定义、生态系统、架构原理和新特性等内容，从原理到应用由浅入深地介绍了 Spark，让读者从宏观和微观上对 Spark 有了认识和了解。

习　题

简答题

（1）Spark 与 Hadoop 的区别是什么？

（2）Spark 的应用场景有哪些？

（3）简述 Spark 的作业运行流程。

（4）Spark 2.X 与 Spark 1.X 有什么不同点？

第 2 章
Spark 的环境搭建

上一章主要对 Spark 的定义、生态系统、架构原理和新特性等方面进行了介绍，让读者对 Spark 有了一个整体的认识。本章在第 1 章的基础上对 Spark 环境的搭建过程进行介绍，带领读者了解基本的配置过程和命令的使用。

本章主要内容如下。

（1）Spark 相关依赖软件下载。

（2）Spark 环境配置。

（3）Spark 集群的启动与关闭。

（4）Spark 应用的提交和 Web 页面的监控。

2.1　环境搭建前的准备

Spark 使用 Scala 语言进行开发，Scala 运行在 Java 平台之上，因此需要下载并安装 JDK 和 Scala。值得注意的是，Scala、Java 和 Spark 三者之间是有版本搭配限制的，可以根据官方文档提供的组合进行下载，否则会出现启动异常。具体的关系可在官网相关文档中看到，如图 2-1 所示，笔者在此使用的环境组合是 Spark 2.3.0+Java 8+Scala 2.11。

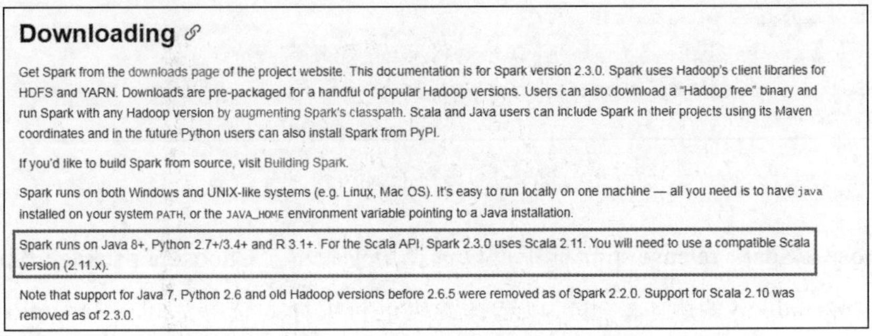

Downloading

Get Spark from the downloads page of the project website. This documentation is for Spark version 2.3.0. Spark uses Hadoop's client libraries for HDFS and YARN. Downloads are pre-packaged for a handful of popular Hadoop versions. Users can also download a "Hadoop free" binary and run Spark with any Hadoop version by augmenting Spark's classpath. Scala and Java users can include Spark in their projects using its Maven coordinates and in the future Python users can also install Spark from PyPI.

If you'd like to build Spark from source, visit Building Spark.

Spark runs on both Windows and UNIX-like systems (e.g. Linux, Mac OS). It's easy to run locally on one machine — all you need is to have java installed on your system PATH, or the JAVA_HOME environment variable pointing to a Java installation.

Spark runs on Java 8+, Python 2.7+/3.4+ and R 3.1+. For the Scala API, Spark 2.3.0 uses Scala 2.11. You will need to use a compatible Scala version (2.11.x).

Note that support for Java 7, Python 2.6 and old Hadoop versions before 2.6.5 were removed as of Spark 2.2.0. Support for Scala 2.10 was removed as of 2.3.0.

图 2-1　Spark、Java、Scala 的版本对应关系

Spark 运行在 Linux 操作系统下，因此在进行环境部署之前需要一个 Linux 环境，可以是物理机，也可以是虚拟机。具体的操作系统安装此处不做重点讲解，此处采用 Linux 的一个发行版 Ubuntu 作为演示系统。Ubuntu 可以在其官网上直接下载。

1. 下载 Spark

打开浏览器进入 Spark 的主页，如图 2-2 所示。本书所用 Spark 版本为 2.3.0。

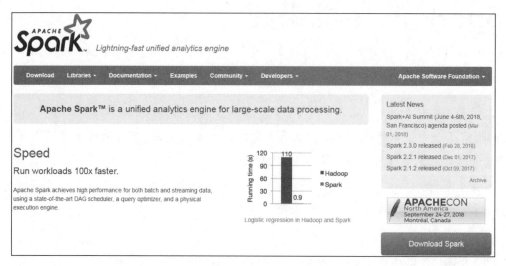

图 2-2　Spark 官网

单击"Download Spark"按钮进入下载页面，如图 2-3 所示。

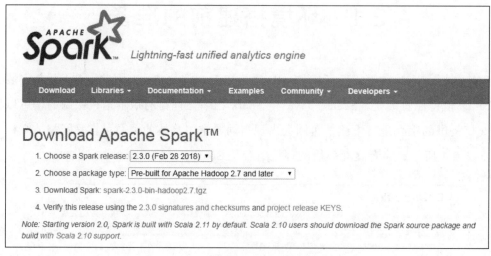

图 2-3　选择下载版本

在 Choose a Spark release 下拉框中可以选择历史版本。Choose a package type 下拉框中可以选择集成 Hadoop 的版本，也可以选择源码进行编译。选择后单击 Download Spark 后面的文件名称即可进入下载页面，如图 2-4 所示。

图 2-4 选择下载镜像

可供选择的镜像地址有很多,选择推荐的镜像地址下载即可。

2. 下载 Scala

打开浏览器进入 Scala 官网主页,下载界面如图 2-5 所示。

图 2-5 Scala 官网

单击"DOWNLOAD"栏目进入下载页面。下载页面提示:最流行获取 Scala 的方法是通过 SBT、构建工具或者 IDE,此处不选择网页提示的方法进行下载。在网页中找到 Other ways to install Scala 栏目,如图 2-6 所示,找到"previous releases"超链接字样,此链接为旧版本 Scala 的下载页面入口,单击进入该下载列表页面,如图 2-7 所示。根据 Spark 需要搭配的 Scala 版本,进行灵活选择,此处选择的是 2.11.12 版本。单击进入下载页面,在网页末尾找到"Other resources"栏目,如图 2-8 所示。因为笔者选择的 Linux 为 Ubuntu 版本,所以选择的是 tgz 压缩包类型。如果读者是使用其他版本的 Linux,则可以根据具体的版本进行选择下载。单击图 2-8 左侧的"scala-2.11.12.tgz"即可下载。

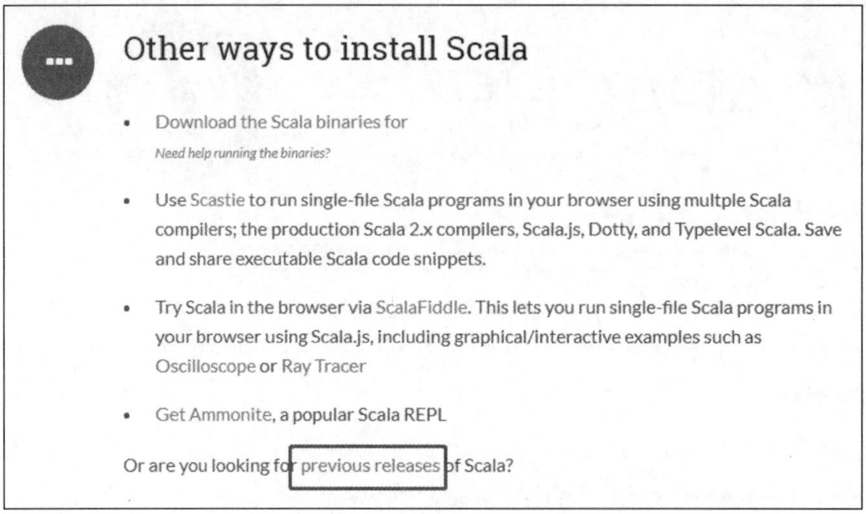

图 2-6　旧版本 Scala 入口

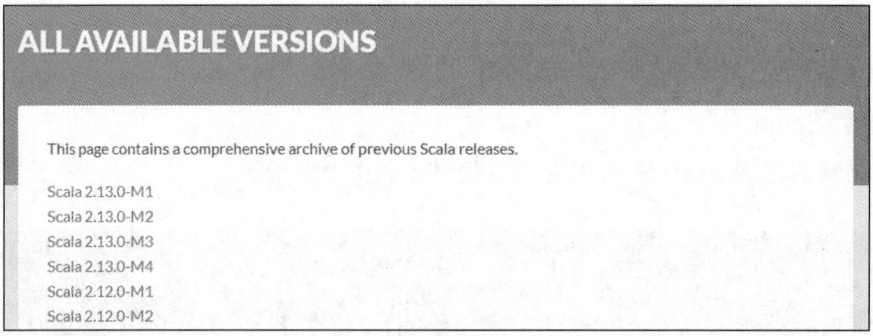

图 2-7　Scala 下载入口

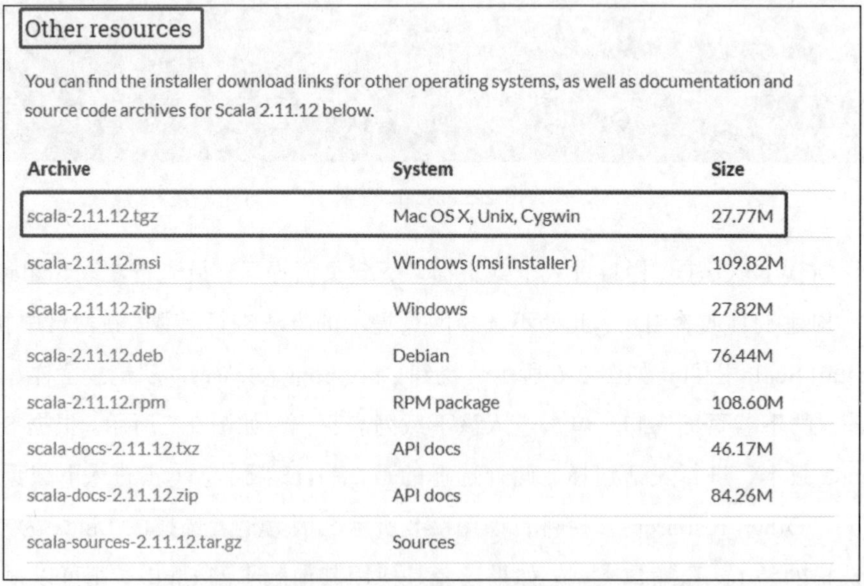

图 2-8　Scala 下载列表

3. 下载 Java

打开浏览器进入 JDK 下载页面，如图 2-9 所示。

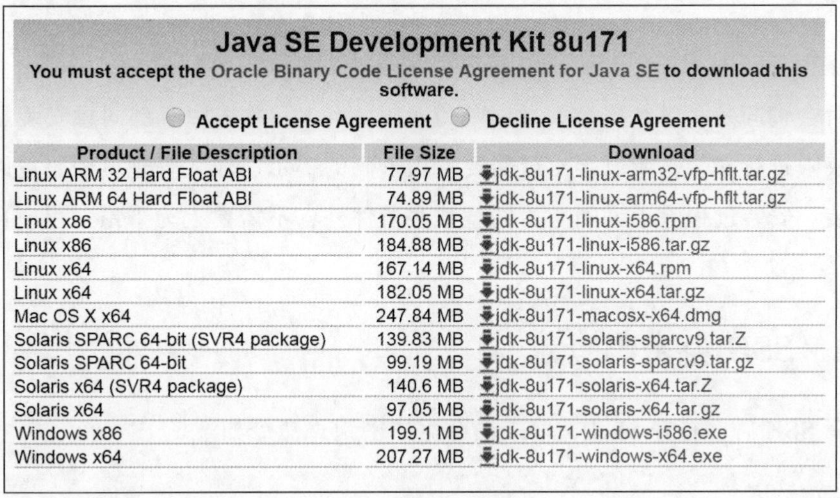

Java SE Development Kit 8u171

You must accept the Oracle Binary Code License Agreement for Java SE to download this software.

Accept License Agreement   Decline License Agreement

Product / File Description	File Size	Download
Linux ARM 32 Hard Float ABI	77.97 MB	jdk-8u171-linux-arm32-vfp-hflt.tar.gz
Linux ARM 64 Hard Float ABI	74.89 MB	jdk-8u171-linux-arm64-vfp-hflt.tar.gz
Linux x86	170.05 MB	jdk-8u171-linux-i586.rpm
Linux x86	184.88 MB	jdk-8u171-linux-i586.tar.gz
Linux x64	167.14 MB	jdk-8u171-linux-x64.rpm
Linux x64	182.05 MB	jdk-8u171-linux-x64.tar.gz
Mac OS X x64	247.84 MB	jdk-8u171-macosx-x64.dmg
Solaris SPARC 64-bit (SVR4 package)	139.83 MB	jdk-8u171-solaris-sparcv9.tar.Z
Solaris SPARC 64-bit	99.19 MB	jdk-8u171-solaris-sparcv9.tar.gz
Solaris x64 (SVR4 package)	140.6 MB	jdk-8u171-solaris-x64.tar.Z
Solaris x64	97.05 MB	jdk-8u171-solaris-x64.tar.gz
Windows x86	199.1 MB	jdk-8u171-windows-i586.exe
Windows x64	207.27 MB	jdk-8u171-windows-x64.exe

图 2-9　JDK 下载列表

下载之前需要先接受许可，选择“Accept License Agreement”，然后单击 Linux x64 版本的文件进行下载。该版本在列表中有两个文件，这里选择压缩包 tar.gz 文件下载即可。

至此，与 Spark 相关的依赖软件下载工作已经完成。

2.2　Spark 相关配置

在使用 Spark 之前，需要进行一定的配置。主要工作包括：安装 SSH、实现免密码登录、修改环境变量、修改 Spark 文件夹的访问权限、节点参数配置等。

2.2.1　安装 SSH

SSH（Secure Shell）是一种安全的传输协议。通过 SSH 协议对传输的数据进行加密，从而有效防止远程管理过程中的信息泄露问题。在组建 Spark 集群时，多台实体机需要进行文件传输等通信。在通信过程中如果需要频繁输入密码是不切实际的，因此需要无密码登录。

在 Ubuntu 系统中，软件的安装是通过 apt-get install 加软件名这种命令方式进行的。安装的软件存在于 Ubuntu 中配置的源服务器中，在源服务器中存储了大量的软件镜像，类似于一个软件应用商店，通过该命令，就可以通过网络从远程的应用商店中下载并安装 SSH。

安装 SSH 方法如下。

同时按下组合键"Ctrl+Alt+T"打开 Shell，或者在桌面等地方单击右键打开 Terminal，并输入命令。

```
sudo apt-get install ssh    //sudo 是使用管理员权限进行安装
```

运行后会询问是否继续安装，此时从键盘输入"Y"并按回车键同意安装。因为用到了管理员权限进行安装，所以会出现需要输入密码的提示，输入管理员密码后回车即可进行下载安装。安装过程除了询问是否同意某些条件外，不需要人为干预，程序自动下载并安装。

2.2.2　SSH 免密码登录

安装完 SSH 后，打开 Shell，输入命令生成密钥。命令如下。

```
ssh-keygen -t rsa
```

或者

```
ssh-keygen
```

单击回车键，终端会提示需要用户填写一些内容，这里可以不用填写任何内容，按"Enter"键继续运行，如图 2-10 所示。运行结束以后，默认在 ~/.ssh 目录生成两个文件。

```
id_rsa          //私钥
id_rsa.pub      //公钥
```

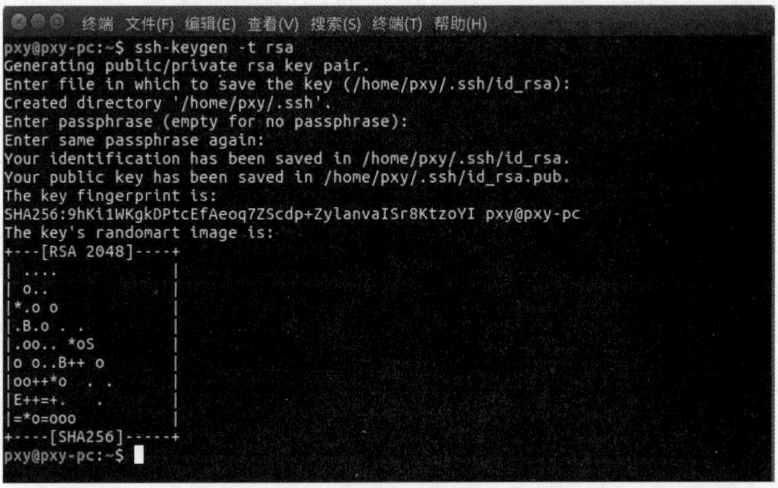

图 2-10　生成密钥

把公钥的内容添加到 authorized_keys 文件中：

```
cat ~/.ssh/id_rsa.pub >> ~/.ssh/authorized_keys
```

更改权限:

```
chmod 700 ~/.ssh
chmod 600 ~/.ssh/authorized_keys
```

设置完后输入命令:

```
ssh localhost
```

如果出现欢迎字样而不出现需要输入密码则说明设置成功。如果出现需要输入密码，则只需修改一下.ssh 文件夹的权限和 authorized_keys 的权限即可，如图 2-11 所示。

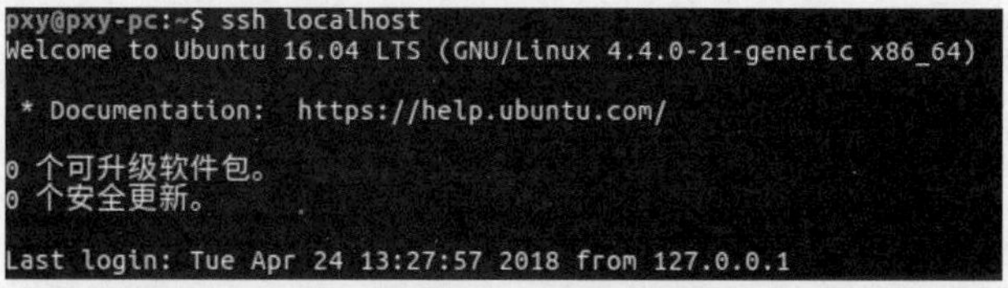

图 2-11 SSH 登录成功

2.2.3 修改访问权限

使用 tar 命令解压下载的文件。

```
tar -zxvf jdk1.8.0_171
tar -zxvf spark-2.3.0-bin-Hadoop2.7
tar -zxvf Scala-2.11.12
```

本书中所有的软件都放在了/opt 目录中，因此使用复制命令把所有软件包复制到/opt 文件夹中。

```
sudo cp -R jdk1.8.0_171 /opt
sudo cp -R spark-2.3.0-bin-Hadoop2.7 /opt
sudo cp -R Scala-2.11.12 /opt
```

修改文件夹的权限为 777。

```
sudo chmod -R 777 /opt
```

2.2.4 修改 profile 文件

Windows 操作系统中环境变量的设置一般使用图形化的工具完成，在 Linux 里面需要手动地修改/etc/profile 文件，也可以修改~/.bashrc 文件。其中，不同点就是 bashrc 仅在交互式 Shell 启动时被读取，而 profile 仅在 LOGIN Shell 时被读取。

输入命令:

```
sudo vi /etc/profile                    #以管理员权限修改 profile 文件内容
```

用管理员权限打开 profile 文件，输入密码后即可进行编辑。

在键盘上单击 I 键开始编辑，I 就是 Insert 的意思。滚动鼠标至最下面，然后输入以下路径配置。

Java 环境配置：

```
export JAVA_HOME=/opt/jdk1.8.0_17        #配置 JAVA_HOME
export CLASS_PATH=/opt/jdk1.8.0_17/lib    #配置类路径
export PATH=$PATH:$JAVA_HOME/bin          #添加 bin 路径到 PATH，添加后可以在命令行中直接调用
```

Scala 环境配置：

```
export SCALA_HOME=/opt/Scala-2.11.12      #配置 SCALA_HOME
export PATH=$PATH:$SCALA_HOME/bin         #添加 bin 目录到 PATH
```

Spark 环境配置：

```
export SPARK_HOME=/opt/spark-2.3.0-bin-Hadoop2.7
export PATH=$PATH:$SPARK_HOME/bin         #添加 bin 目录到 PATH
```

输入完毕后，按 Esc 键，然后输入冒号，最后输入 wq 进行保存并退出。

```
:wq
```

配置好的 profile 不会立即生效，操作系统重启后即可生效，也可以执行 source 命令立即生效。

```
source /etc/profile
```

执行以上命令后，可以在 Shell 中输入 Java、Scala 进行测试，如果能够打印出 Java 相关的信息，进入 Scala 交互命令行，则说明配置成功。

2.2.5 修改 Spark 配置文件

（1）复制模板文件。在 Spark 的 conf 目录中已经存放了 Spark 环境配置和节点配置以及日志配置等文件的模板（以 template 结尾的文件），并且模板文件中有相关配置项的文字描述提示。将文件夹中 spark-env.sh.template、log4j.properties.template、slaves.template 3 个文件各复制一份，去掉 template 后缀，然后 Spark 启动时就会对文件中的配置项进行读取，否则找不到配置。

```
cd /opt/spark-2.3.0-bin-Hadoop2.7/conf           //进入配置文件夹中
cp spark-env.sh.template spark-env.sh            //Spark 环境相关
cp log4j.properties.template log4j.properties    //Spark 日志相关
cp slaves.template slaves                        //Spark 集群节点
```

（2）修改 spark-env 设置主节点和从节点的配置。

```
export JAVA_HOME=/opt/jdk1.8.0_171               #添加 Java 位置
export SCALA_HOME=/opt/Scala-2.11.12             #添加 Scala 位置
```

```
export SPARK_MASTER_IP=SparkMaster              #设置主节点地址
export SPARK_WORKER_MEMORY=4g                   #设置节点内存大小
export SPARK_WORKER_CORES=2                     #设置节点参与计算的核心数
export SPARK_WORKER_INSTANCES=1                 #设置节点实例数
```

（3）修改 slaves 设置从节点地址。

添加节点主机名称，默认为 localhost。

2.3　Spark 集群启动与关闭

Spark 应用最终是以提交集群任务的方式运行的，因此在提交应用之前需要先启动集群，并查看集群状态，确保集群处于正常的可使用状态。Spark 除了可以以 Mesos 或者 YARN 模式运行之外，也可以以 Standalone 和 Local 模式运行。Local 模式可以进行基本的 Spark 操作，一般作为简单的测试使用。本书采用 Standalone 模式进行实验，Standalone 是一种独立模式，自带完整的服务，无须依赖其他资源管理器，可以单独部署到集群中。

（1）启动 Spark Standalone 集群

进入 Spark 目录中：

```
cd /opt/spark-2.3.0-bin-Hadoop2.7/sbin
```

运行 start-all.sh 启动集群：

```
./start-all.sh
```

运行成功，结果如图 2-12 所示。

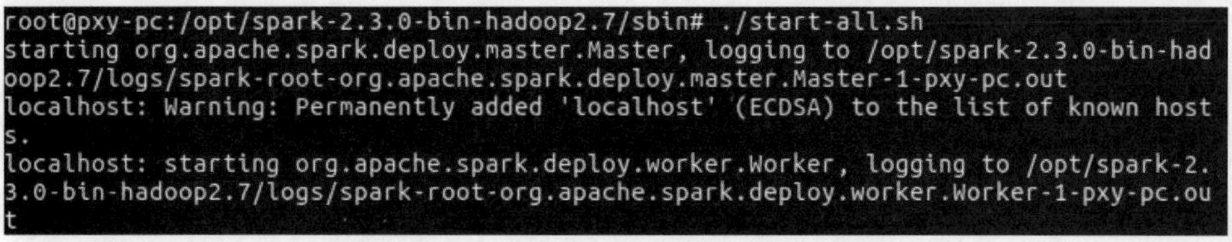

```
root@pxy-pc:/opt/spark-2.3.0-bin-hadoop2.7/sbin# ./start-all.sh
starting org.apache.spark.deploy.master.Master, logging to /opt/spark-2.3.0-bin-had
oop2.7/logs/spark-root-org.apache.spark.deploy.master.Master-1-pxy-pc.out
localhost: Warning: Permanently added 'localhost' (ECDSA) to the list of known host
s.
localhost: starting org.apache.spark.deploy.worker.Worker, logging to /opt/spark-2.
3.0-bin-hadoop2.7/logs/spark-root-org.apache.spark.deploy.worker.Worker-1-pxy-pc.ou
t
```

图 2-12　启动 Spark Standalone 集群

在启动的时候如果出现需要输入密码的情况，这种情况则是因为部分文件没有设置权限。在启动的过程中会生成新的文件夹，只需对 Spark 目录重新设置权限即可。

```
sudo chmod -R 777 /opt/spark-2.3.0-bin-Hadoop2.7    //设置文件夹可读可写可执行权限
```

启动成功后打开浏览器，输入地址 localhost:8080 即可查看集群的 UI 界面，如图 2-13

所示。在 UI 界面中可以看到集群节点的核心数、地址、内存、状态等信息。如果打不开该界面，则可能是由于没有启动成功，查看报错原因后修改，再次运行查看。

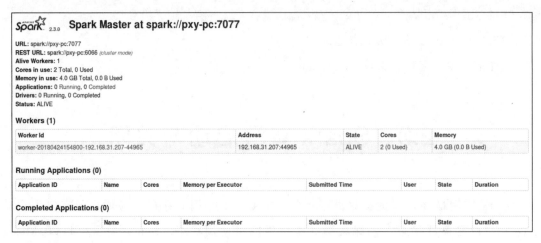

图 2-13　Spark 集群启动成功

（2）关闭集群

集群的关闭与启动相似，同样进入 sbin 文件夹中，使用 stop-all.sh 脚本关闭集群。

运行 stop-all.sh：

```
./stop-all.sh
```

2.4　Spark 应用提交到集群

打开 Shell，输入下列命令启动集群：

```
cd /opt/spark-2.3.0-bin-Hadoop2.7/sbin
./start-all.sh
```

集群启动完毕后，可以使用 spark-submit 命令进行任务的提交。进入 spark-submit 文件所在的目录中：

```
cd /opt/spark-2.3.0-bin-Hadoop2.7/bin
```

执行以下命令提交集群：

```
spark-submit    --master    spark://master:7077    --deploy-mode    client
--executor-memory 512M --total-executor-cores 4 demo.py
```

spark-submit 后面附带了很多参数，参数的详细说明如下。

```
spark-submit: 提交任务命令
--master  spark://master:7077           //提交集群的地址
--deploy-mode  client                   //部署模式为 client 模式
```

```
--executor-memory  512M                //设置每个执行单元使用512MB的内存空间
--total-executor-cores  4              //每个执行单元为4个核
```

执行的过程可以在 Spark 的 Web 监控页面中查看。

2.5 Spark Web 监控页面

应用提交集群后,应用的基本信息和运行情况都将会在 Web 界面中展现出来。启动浏览器打开地址 localhost:8080 后会出现图 2-14 所示的界面。该界面中的 Completed Applications 列表中将会出现运行过的应用,包括应用的名称、使用的核心、内存、提交时间、所有者和运行时间等信息。

图 2-14 Spark Standalone Web UI 界面

打开 Shell,运行 PySpark 后,在浏览器中输入地址 localhost:4040,即可查看 Spark 的 Jobs 监控界面,如图 2-15 所示。在该界面可以查看 Jobs 的详细执行过程,可以分析执行缓慢的 Jobs,然后进行性能调优。

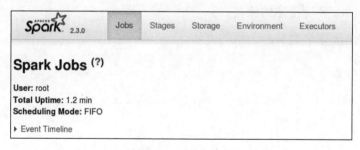

图 2-15 Spark Jobs

2.6 小结

本章对 Spark 环境的搭建过程进行了介绍，重点讲述了部署的详细过程。在实际的生产中，Spark 作为一个组件集成在其他的大资源管理器中，以实例的方式部署，这比用户自己去搭建要简单得多。开发者要不断尝试和试错，才能成长。

习题

1. 选择题

（1）下列描述正确的是（　　）。

    A. Spark 的版本与 Java 的版本可以随意搭配

    B. Spark 底层是使用 Java 编写的

    C. Java 与 Scala 代码可以混合编写

    D. Spark 源码不能自行编译

（2）安装完 SSH 后，生成密钥的命令是（　　）。

    A. ssh   B. keygen   C. ssh-keygen   D. ssh-key-gen

（3）文件夹赋权限的命令是（　　）。

    A. chmod   B. mod   C. ls   D. cat

（4）下列哪个文件的配置项可以修改节点内存大小。（　　）

    A. profile   B. spark-env.sh   C. log4j.properties   D. slaves

（5）Spark Web 监控的地址端口是（　　）。

    A. 8000   B. 4040   C. 8080   D. 50070

2. 简答题

（1）简述 Spark 环境搭建的流程。

（2）简述 Spark 集群启动和关闭的方法。

第 3 章
使用 Python 开发 Spark 应用

第 2 章主要讲解了如何搭建 Spark 系统环境和提交应用，以及对应用的执行进程进行查看。本章将会带领读者了解如何使用 Python 进行 Spark 应用开发，并介绍如何使用 IDE 对 Spark 应用的代码进行调试。

本章主要内容如下。

（1）Python 编程语言。

（2）PySpark 启动与日志设置。

（3）PySpark 开发包的安装。

（4）使用开发工具 PyCharm 编写 Spark 应用。

3.1 Python 编程语言

3.1.1 Python 语言介绍

Python 是一种面向对象的解释型计算机程序设计语言，具有强大且丰富的库。如今的 Python 已经成为使用率非常高的一门编程语言。

Python 具有简单易学、免费开源、可移植性强、面向对象、可扩展、可嵌入、丰富的库、规范的代码等特点。

现在人工智能领域的代码大多数是由 Python 编写的。Python 被认为是人工智能、机器学习编程的首选语言，但大多数人并不知道其原因，这就需要从人工智能背后的技术讲起。如图 3-1 所示，人工智能要求机器能自主学习，机器要会学习就需要积累大量的数据，并且运用机器学习算法（如线性回归、决策树、神经网络等），让机器能从大量的数据中实现学习。Python 简洁易用的特点，以及在数据处理方面的强悍能力，使 Python 成为了首选语言。

图 3-1　人工智能技术组成图

3.1.2　PySpark 是什么

PySpark 是 Spark 为 Python 开发者提供的 API。为了不破坏 Spark 已有的运行架构，Spark 在外围包装一层 Python API，借助 Py4J 实现 Python 和 Java 的交互，进而由 Python 编写 Spark 应用程序。Py4J 是一个用 Python 和 Java 编写的库。Python 程序通过 Py4J 动态访问 Java 虚拟机中的 Java 对象，Java 程序也能够回调 Python 对象，但是 Py4J 并不能实现在 Java 里调用 Python 的方法，为了能在 Executor 端运行用户定义的 Python 函数或 Lambda 表达式，需要为每个 Task 单独启用一个 Python 进程，通过 socket 通信方式将 Python 函数或 Lambda 表达式发给 Python 进程执行，如图 3-2 所示。

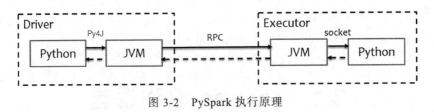

图 3-2　PySpark 执行原理

3.2　PySpark 的启动与日志设置

3.2.1　PySpark 的启动方式

Spark 可以使用 Local、Standalone、YARN、Mesos 等模式运行。Local 模式用于 Spark 单机运行下开发测试。Standalone 模式用于构建一个由 Master+Slave 构成的 Spark 集群，Spark 将运行在集群中。YARN 模式用于 Spark 客户端直接连接 YARN。Mesos 模式用于 Spark 客户端直接连接 Mesos。前两个模式都不需要额外构建 Spark 集群。

 本节讲的 PySpark 的启动是启动 Spark 的 Python 交互命令行。

启动命令如下：

pyspark

启动成功后会出现图 3-3 所示的界面。

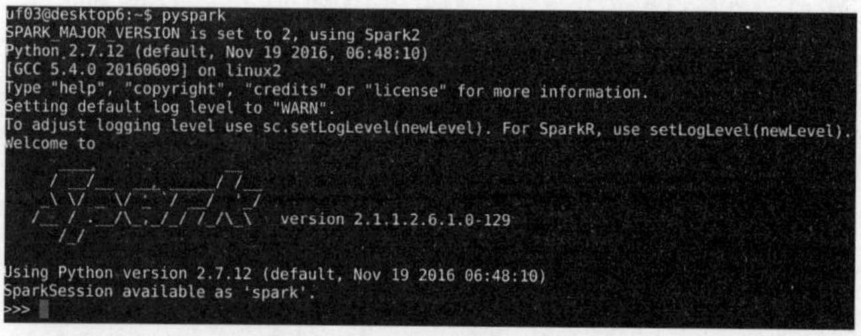

图 3-3 PySpark 交互界面

PySpark 可以通过指定参数的方式设定启动条件，当 PySpark 后面没有参数时，默认是 Local 模式启动，部分参数介绍如表 3-1 所示。

表 3-1　　　　　　　　　　MASTER_URL 参数解析

参数	说明
local	使用一个 Worker 线程本地化运行 Spark（默认）
local[k]	使用 k 个 Worker 线程本地化运行 Spark
local[*]	使用 k 个 Worker 线程本地化运行 Spark（这里 k 自动设置为机器的 CPU 核数）
spark://host:port	连接到指定的 Spark 单机版集群 master。必须使用 master 所配置的接口，默认接口是 7077，如 spark://10.10.10.10:7077
mesos://host:port	连接到指定的 Mesos 集群。host 参数是 moses master 的 hostname。必须使用 master 所配置的接口，默认接口是 5050
yarn-client	以客户端模式连接到 YARN 集群，集群位置由环境变量 HADOOP_CONF_DIR 决定
yarn-cluster	以集群模式连接到 YARN 集群，同样由 HADOOP_CONF_DIR 决定连接

除此之外，PySpark 还可支持多种命令功能，如图 3-4 所示，可使用如下帮助命令查看：

pyspark -h

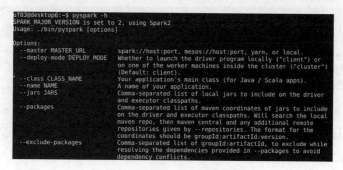

图 3-4 PySpark 参数列表

3.2.2 日志输出内容控制

Spark 程序运行时会产生大量的程序执行记录日志，其中有效的日志级别为 DEBUG < INFO < WARN < ERROR < FATA。控制日志输出内容的方式有两种。

（1）修改 log4j.properties

文件位置为/opt/spark-2.3.0-bin-Hadoop2.7/conf，默认为控制台输出 INFO 及以上级别的信息。如需修改，则可修改下面的代码。

```
log4j.rootCategory=INFO, console
```

把 INFO 修改成 WARN，重启 Spark，运行 PySpark 控制台就没有 INFO 级别的输出，在程序运行异常时便能更快更精准地定位问题所在位置和找出原因。

（2）在代码中使用 setLogLevel(logLevel)控制日志输出

```
sc=SparkContext('local[2]', 'First Spark App')
sc.setLogLevel("WARN")
```

3.3 PySpark 开发包的安装

Spark 应用的开发流程一般是先在本地调试代码，然后将代码提交到集群运行。在使用 Python 进行 Spark 应用开发时，Spark 提供了相应的 PySpark 库，安装后即可像编写一般的 Python 程序一样编写 Spark 程序，安装的方式主要分为在线安装（pip 命令安装）和离线安装两种。

3.3.1 使用 pip 命令安装

打开 Linux 的命令行窗口，输入下面的 pip 命令即可安装 PySpark，如图 3-5 所示。

```
sudo pip install pyspark
```

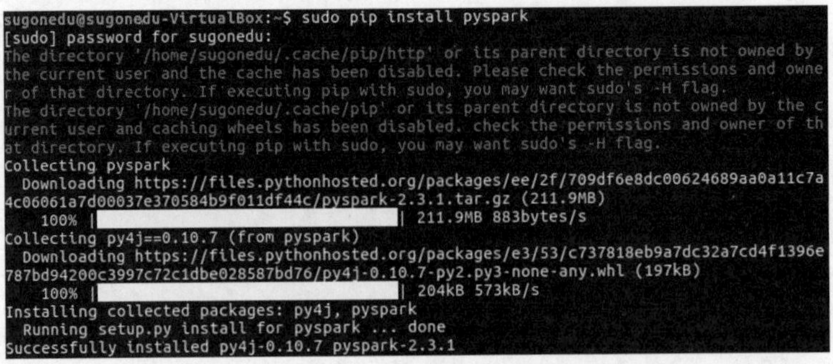

图 3-5 使用 pip 命令安装 PySpark

3.3.2 使用离线包安装

切换到解压后的 spark-2.3.0-bin-Hadoop2.7 下的 Python 文件夹，执行如下命令：

```
cd ~/Downloads/spark-2.3.0-bin-Hadoop2.7/Python      #切换到指定文件夹
sudo Python setup.py install                          #使用离线安装
```

安装过程如图 3-6 所示。

图 3-6　离线安装 PySpark

3.4 使用 PyCharm 编写 Spark 应用

3.4.1 PyCharm 的安装与基本配置

（1）下载 PyCharm

PyCharm 是 JetBrains 公司打造的 Python 开发集成环境，用户使用它可以很容易地实现代码自动补全、智能提示、项目组织、语法高亮等功能。读者可以到其官网下载最新版本，如图 3-7 所示。官网目前提供 Professional 和 Community 两个版本。Professional 版本提供了包括网站开发在内的全部功能，但是需要付费。个人学习开发者可以选择 Community 版本，该版本免费开源，能够满足基本的 Python 开发需求。

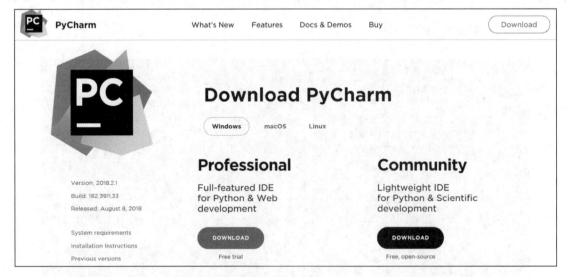

图 3-7　PyCharm 下载

（2）安装 PyCharm

下载完毕后，使用 tar 命令解压下载的文件：

```
tar -zxvf pycharm-community-2018.1.4.tar.gz
```

进入解压后的 PyCharm 目录下的 bin 文件夹，执行 pycharm.sh 命令，打开 PyCharm。

```
cd /pycharm-community-2018.1.4/bin        #进入 PyCharm 目录
./pycharm.sh                              #启动 PyCharm
```

为了后续启动方便，可以把解压后的 PyCharm 中的 bin 路径加入环境变量中，再次启动时在命令行中直接输入 pycharm.sh，即可打开。

```
vi /etc/profile                           #使用 vi 命令打开 profile 文件
export PATH=$PATH:~/Downloads/pycharm-community-2018.1.4/bin  #添加 bin 路径到 PATH
```

执行 pycharm .sh 命令后会弹出图 3-8 所示的界面，如果需要导入之前安装版本的配置，就选第一个；没有就选第二个。此处笔者选择不导入配置文件。

单击 OK 之后弹出 PyCharm Privary Policy Agreement 框，这里提到隐私政策协议，直接单击 Accept（同意）即可。在后续弹出的 Data Sharing 框中，选择 Don't send 即可，如图 3-9 所示。

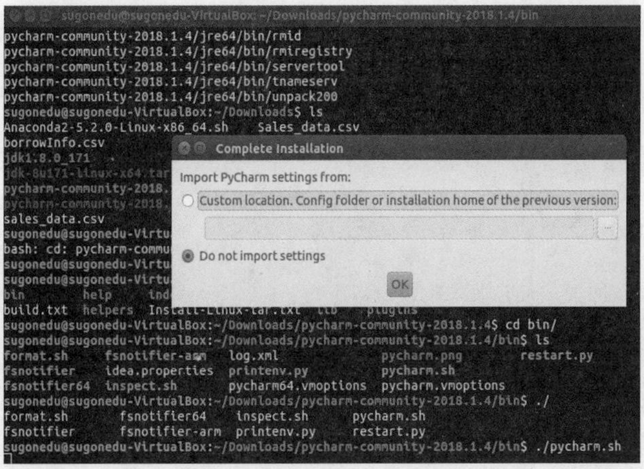

图 3-8 PyCharm 安装（1）

图 3-9 PyCharm 安装（2）

3.4.2 编写 Spark 应用

（1）单击 Create New Project，创建一个新的项目，如图 3-10 所示。

图 3-10 使用 PyCharm 创建项目

（2）设置一个工程路径。建议选择英文路径，避免中文所带来的乱码及报错问题，如图 3-11 所示。

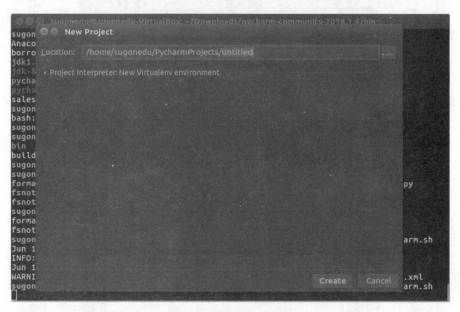

图 3-11　设置工程路径

（3）工程创建成功后如图 3-12 所示，将弹出的 Tip of the Day 对话框关闭即可。

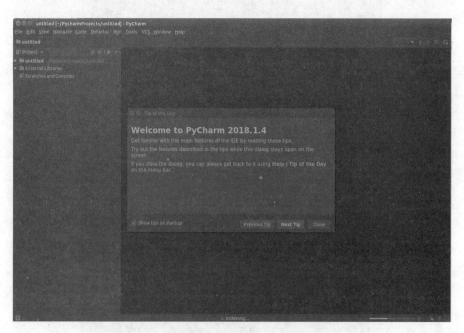

图 3-12　PyCharm 工程

（4）下面运行一个简单的程序，验证开发环境是否正常。

单击鼠标右键，新建 Python 文件，将下列代码输入代码编辑区域。

```
from pyspark import SparkContext
sc = SparkContext("/opt/spark-2.3.0-bin-Hadoop2.7/REAME.md", "Simple App")
#加载文件
logData = sc.textFile(logFile).cache()                    #数据缓存
numAs = logData.filter(lambda s: 'a' in s).count()        #元素过滤
numBs = logData.filter(lambda s: 'b' in s).count()
print("Lines with a: %i, lines with b: %i"%(numAs, numBs))
```

如果程序最后正确地输出 numAs 与 numBs 变量的值，则证明所搭建的开发环境是可用的，如图 3-13 所示。读者在搭建开发环境过程中，可能会遇到各种各样的问题，在此列举两个比较常出现的报错及解决方法：（1）提示"no module named pyspark"错误，请检查上述 PySpark 库安装是否正确；（2）提示"name print is not defined"，请检查 Python 的环境变量配置是否正确。

图 3-13 在 PyCharm 中运行 Spark 程序

3.5 小结

本章主要对使用 Python 开发 Spark 应用进行了介绍，从 Python 编程语言特点、PySpark 启动方式、日志的配置、PySpark 开发包的安装、使用 PyCharm 编写 Spark 应用等方面详细介绍了开发的整个过程。

习 题

1. 选择题

(1) Spark 没有提供下列哪种语言的开发接口?(　　)

    A. Java　　　　B. Scala　　　　C. Python　　　　D. C++

(2) 启动基于 Python 的 Spark 交互式命令行的命令是(　　)。

    A. spark-shell　　B. spark　　C. python-spark　　D. pyspark

(3) 交互式命令行启动 Spark 的默认条件是(　　)。

    A. Local 模式启动　　　　　　　B. yarn-client 模式启动

    C. yarn-cluster 模式启动　　　　D. 其他模式启动

(4) Spark 的 Python 开发包安装方式不包括(　　)。

    A. pip install　　B. 离线 Python 包　　C. conda install　　D. install

(5) 下列关于 PyCharm 描述正确的是(　　)。

    A. Spark 应用程序必须使用 PyCharm 进行开发

    B. PyCharm 是一个集成开发环境

    C. PyCharm 是一种编译器

    D. PyCharm 不支持代码智能提示和自动补全功能

2. 简答题

(1) Spark 日志的设置方式有几种?分别是什么?

(2) Spark 的 Python 开发包的安装方式有哪些?

(3) 简述使用 Python 编写 Spark 应用程序的步骤。

第 4 章
Spark RDD

第 3 章介绍了使用 Python 开发 Spark 应用的过程。本章主要对弹性分布式数据集（Resilient Distributed Datasets，RDD）进行介绍，RDD 是 Spark 应用中最核心的部分。

Spark 处理数据时会将一整块数据分割成由多个分块数据组成的数据集（该数据集被称为 RDD），然后找到多于数据集分块个数的执行器进行数据处理，最终将计算的结果进行汇总。

本章主要内容如下。

（1）RDD 的特点，创建 RDD 的过程。

（2）关于 transform 与 action 算子的操作。

（3）针对 Key-Value 数据的 transform 与 action 算子的操作。

（4）广播变量的含义与使用方法。

（5）累加器的含义与使用方法。

（6）RDD 的持久化机制与策略。

4.1 弹性分布式数据集

4.1.1 RDD 的定义

RDD 是一种可扩展的弹性分布式数据集，是 Spark 最基本的数据抽象，表示一个只读、分区且不变的数据集合，是一种分布式的内存抽象，不具备 Schema 的数据结构，可以基于任何数据结构创建，如 tuple（元组）、dict（字典）和 list（列表）等。

与 RDD 类似的分布式共享内存（Distributed Shared Memory，DSM）也是分布式的内存抽象，但两者的主要区别如表 4-1 所示。与 DSM 相比，RDD 模型有两个优势：（1）RDD

中的批量操作会根据数据存放的位置来调度任务；（2）对于扫描类型的操作，如果内存不足以缓存整个 RDD，就进行部分缓存，避免内存溢出。

表 4-1　　　　　　　　　　　RDD 与 DSM 的主要区别

对比项目	RDD	DSM
读	批量或细粒度读操作	细粒度读操作
写	批量转换操作	细粒度转换操作
一致性	RDD 是不可更改的	取决于应用程序或底层架构
容错性	细粒度，低开销使用 lineage	需要进行检查点操作和将程序恢复到上一次正确执行的状态
落后任务的处理	任务备份，重新调度执行	很难处理
任务安排	基于数据存放的位置自动实现	取决于应用程序或底层架构

4.1.2　RDD 的特点

Spark RDD 具有对数据进行分片/区、自定义分区计算函数、RDD 之间相互依赖、控制分片数量、使用列表方式进行块存储等特点。特点的详细解释如下。

（1）分片/区（Partition）

Partition 是 Spark 数据集的基本组成单位。Spark 集群读取一个文件会根据具体的配置将文件加载在不同节点的内存中。每个节点中的数据就是一个分片。对于 RDD 来说，每个分片都会被一个计算任务处理，并决定并行计算的粒度。用户可以在创建 RDD 时指定 RDD 的分片个数，默认分片个数与 CPU 核心个数相同。

（2）自定义分区计算函数

Spark 中 RDD 的计算是以分片为单位的，每个 RDD 都可达到分片计算。计算函数会对迭代器进行复合，不需要保存每次计算的结果。

（3）RDD 之间相互依赖

RDD 的每次转换都会生成一个新的 RDD，因此 RDD 之间就会形成类似于流水线一样的前后依赖关系。在部分分区数据丢失时，Spark 可以通过这个依赖关系重新计算丢失的分区数据，而不是对 RDD 的所有分区进行重新计算。

（4）控制分片数量

当前 Spark 中实现了两种类型的分片函数，一个是基于哈希的 HashPartitioner，另一个是基于范围的 RangePartitioner。只有对于 Key-Value 的 RDD，才会有 Partitioner，非 Key-Value 的 RDD 的 Parititioner 值是空。Partitioner 函数不但决定了 RDD 本身的分片数

量,也决定了父 RDD Shuffle 输出时的分片数量。

(5)使用列表方式进行块存储

对于一个 HDFS 文件来说,这个列表保存的就是每个 Partition 所在的块的位置。按照"移动数据不如移动计算"的理念,Spark 在进行任务调度的时候,会尽可能地将计算任务分配到其所要处理数据块的存储位置。

4.1.3 RDD 的创建

Spark 的核心是弹性分布式数据集(RDD),创建 RDD 的方式有两种:(1)通过已存在的并行集合创建;(2)从外部数据集创建。

(1)通过已存在的并行集合创建

可以通过调用 SparkContext 的 parallelize 方法将一个已存在的集合变成 RDD。

示例代码如下。

```
>>> data = [1, 2, 3, 4, 5]
>>> distData = sc.parallelize(data)            #通过并行化创建 RDD
>>> distData.collect()                         #将内存中的数据显示在屏幕中
>>> distData = sc.parallelize(data, 10)
```

parallelize 方法有一个很重要的参数是分区(Partitions)数量,它可用来指定数据集的分区个数,例如,上述示例代码中 sc.parallelize(data, 10),其中 10 就是指数据集分区的个数。集群中的每一个分区对应一个 Spark 任务(task),每一个 CPU 计算 2~4 个分区时效果较好。如果不设置,Spark 就会根据集群情况来自动设置分区数量,一般默认与 CPU 核心数相同。

(2)从外部数据集(Datasets)创建

Spark 可以从本地文件系统、文本文件、sequenceFiles、HDFS、Cassandra、HBase、Amazon S3 以及 Hadoop 所支持的任何存储源中创建 RDD。通过 SparkContext 的 textFile 方法将数据源文件转换为 RDD,此方法需要传递一个文件的地址,例如,以 file:///、hdfs://、s3n://等形式开头的地址。转换后的数据将会以行集合的方式进行存储,下面是 textFile 函数使用的示例。

```
>>> distFile = sc.textFile("file:///data/data.txt")    #注意是 file 后面是三个斜杠,
在有些版本中一个斜杠也可以,如果不添加前面的 file,就会报文件找不到的异常。
>>> distFile.collect()
```

当使用本地文件系统进行读取转换时,必须保证所有工作节点在相同路径下能够访问该文件,可以将文件复制到所有工作节点的相同目录下,或者使用共享文件系统。

Spark 可读取文件夹、压缩文件和通配符。例如,读取文件夹的形式如下。

```
>>>sc.textFile("/my/directory")
```

textFile 方法可以通过第二个可选的参数来控制该文件的分区数量。

```
>>>sc.textFile("/my/directory", 4)
```

在默认情况下，Spark 为文件的每一个块（block）创建的一个分区（HDFS 中块的大小默认值是 128MB）。

4.1.4 RDD 的操作

RDD 支持两种类型的操作：转换（transformations）和动作（actions）。transformations 操作会在一个已存在的 RDD 上创建一个新的 RDD，但实际的计算并没有执行，仅仅记录操作过程，所有的计算都发生在 actions 环节。actions 操作会执行记录的所有 transformations 操作并计算结果，结果可返回到 driver 程序，也可保存到相关存储系统中。

Spark 2.X 系列中的 RDD 算子大约有 100 多个，读者无须全部掌握。当读者需要了解某个具体的算子时，可到 Spark 官网查询 API 文档即可。

4.2 transform 算子

Spark 中所有的 transformations 都是懒加载的（lazy），在转换时不会立刻计算出结果，只记录数据集的转换过程。当驱动程序需要返回结果时，transformations 才开始计算，这种设计使得 Spark 的运行更高效。下面列出 Spark 常用的 transform 转换，这些转换可被称作 transform 算子（转换算子）。

4.2.1 map 转换

Spark 中的 map 转换与 Python 中 map 的使用方法基本一致，该方法作用在 RDD 的每个分区的每个元素上。map 转换是最常用的且较容易理解的算子，示例代码如下。

```
>>> rdd = sc.parallelize(["b", "a", "c"])
>>> rdd.map(lambda x: (x, 1)).collect()
[('b', 1), ('a', 1), ('c', 1)]
```

上述例子中的 map 算子会依次取出 RDD 中的每一个元素，然后传给 lambda x: (x, 1) 中的 x 变量，lambda 表达式进行生成 tuple(x, 1) 的操作，collect() 是将各内存中的结果返回到驱动端，并显示在屏幕中。此处的 lambda 表达式可以使用 Python 自定义函数实现，将上述的 lambda 表达式定义为如下所示函数。

```
>>>def mapOp(x):
```

```
        return (x,1)
>>>rdd.map(mapOp).collect()
```

4.2.2 flatMap 转换

flatMap 转换首先将 map 函数应用于 RDD 的所有元素，然后将结果平坦化，最后返回新的 RDD，示例代码如下。

```
>>> rdd = sc.parallelize([2, 3, 4])
>>> rdd.flatMap(lambda x: range(1, x)).collect()
[1, 1, 2, 1, 2, 3]
>>> rdd.flatMap(lambda x: [(x, x), (x, x)]).collect()
[(2, 2), (2, 2), (3, 3), (3, 3), (4, 4), (4, 4)]
```

flatMap 操作和 map 操作看起来很像，这也是 Spark 初学者容易混淆的地方。为便于理解两者的不同，针对这个数据集，再进行一次 map 操作。

```
>>> rdd.map(lambda x: range(1, x)).collect()
[range(1, 2), range(1, 3), range(1, 4)]
```

通过结果显示，flatMap 相当于对 map 的结果进行了压平的操作，相同 lambda 的条件，map 返回了一个列表，列表中的元素是 range，而 flatMap 返回了一个列表，列表中的元素是将 range 压平后的单个元素。

4.2.3 filter 转换

filter 函数返回包含指定过滤条件的元素。RDD 是一个分布式的数据集，filter 转换操作针对 RDD 所有分区的每一个元素进行过滤，filter 方法将满足条件的元素返回，不满足条件的元素被忽略。

```
>>> rdd = sc.parallelize([1, 2, 3, 4, 5])
>>> rdd.filter(lambda x: x % 2 == 0).collect()
[2, 4]
```

再举一个关于 filter 操作的例子。

```
>>> rdd = sc.parallelize(["bbbb", "aqqqq", "cvv"])
>>> rdd.filter(lambda x:  len(x)>4).collect()
['aqqqq']
```

4.2.4 union 转换

union 转换是对一个 RDD 和参数 RDD 求并集后，返回一个新的 RDD 的过程。

```
>>> rdd = sc.parallelize([1, 1, 2, 3])
```

```
>>> rdd.union(rdd).collect()
[1, 1, 2, 3, 1, 1, 2, 3]
```

返回几个 RDD 的并集。

4.2.5　intersection 转换

intersection 转换用来返回该 RDD 和另一个 RDD 的交集，其输出将不包含任何重复的元素，即使输入 RDDS 也是如此。

```
>>> rdd1 = sc.parallelize([1, 10, 2, 3, 4, 5])
>>> rdd2 = sc.parallelize([1, 6, 2, 3, 7, 8])
>>> rdd1.intersection(rdd2).collect()
[1, 2, 3]
```

4.2.6　distinct 转换

distinct 转换操作返回包含不同元素的新 RDD。

```
>>> rdd = sc.parallelize([1, 1, 2, 3])
>>> rdd .distinct().collect()
[2, 1, 3]
```

上述的去重要求元素完全相同，读者可以自己尝试数据元素为 tuple 类型的去重问题。

4.2.7　sortBy 转换

sortBy 转换通过指定 Key 的方法对 RDD 内部元素进行排序。

```
>>> tmp = [('a', 1), ('b', 2), ('1', 3), ('d', 4), ('2', 5)]
>>> sc.parallelize(tmp).sortBy(lambda x: x[0]).collect()
[('1', 3), ('2', 5), ('a', 1), ('b', 2), ('d', 4)]
>>> sc.parallelize(tmp).sortBy(lambda x: x[1]).collect()
[('a', 1), ('b', 2), ('1', 3), ('d', 4), ('2', 5)]
>>> sc.parallelize(tmp).sortBy(lambda x: x[1], False).collect()
[('2', 5), ('d', 4), ('1', 3), ('b', 2), ('a', 1)]
```

当 ascending 默认值为 True 时表示正序，当 ascending 为 False 时表示倒序。

4.2.8　mapPartitions 转换

map 作用于每一个元素，mapPartitions 则作用于每一个分区。

```
>>> rdd = sc.parallelize([1, 2, 3, 4], 2)
>>> def f(iterator): yield sum(iterator)
>>> rdd.mapPartitions(f).collect()
```

```
[3, 7]
```

在 mapPartitions 中，f 函数接收的参数为每个分区的迭代器，返回值为求和操作，故返回值 3、7 分别为每个分区的和。

4.2.9 mapPartitionsWithIndex 转换

类似于 mapPartitions 算子，mapPartitionsWithIndex 传入的函数可接收两个参数，第一个参数为分区编号，第二个参数为对应分区的元素组成的迭代器，返回值类型为迭代器，也可称为生成器。

这个算子返回每个分区的分区编号和元素，示例代码如下。

```
>>> rdd = sc.parallelize([1, 2, 3, 4], 2)
>>> def f(splitIndex, iterator): yield splitIndex, list(iterator)
...
>>> rdd.mapPartitionsWithIndex(f).collect()
[(0, [1, 2]), (1, [3, 4])]
```

返回的第一个元素（0, [1, 2]），0 为分区标号，[1, 2]为 0 号分区中的元素值。通过学习这个算子，读者可以更好地了解 RDD 中的分区概念。

4.2.10 partitionBy 转换

针对 Key-Value 结构的 RDD 重新分区，采用 Hash 分区。

```
>>> pairs = sc.parallelize([1, 2, 3, 4, 2, 4, 1]).map(lambda x: (x, x))
>>> pairs.partitionBy(2).glom().collect()
[[(2, 2), (4, 4), (2, 2), (4, 4)], [(1, 1), (3, 3), (1, 1)]]
>>> pairs.partitionBy(3).glom().collect()
[[(3, 3)], [(1, 1), (4, 4), (4, 4), (1, 1)], [(2, 2), (2, 2)]]
```

4.3 action 算子

相比 transformations 转换的懒加载（即使有多个转换也仅仅是记录过程，而不是真的计算出结果），actions 动作是立即执行，而转换的计算依然需要 actions 动作来触发。下面列出 Spark 常用的 actions 动作，这些动作可称为 action 算子（执行算子）。

4.3.1 reduce(f)动作

该操作相当于 MapReduce 中的 reduce 操作，可以通过指定的聚合方法来对 RDD 中元素进行聚合。例如：指定一个聚合操作 add。

```
>>> from operator import add
```

通过 add 函数传入两个参数，可以将两个参数进行累加操作。

```
>>> add(1, 2)
3
```

下面将这个聚合操作传入 reduce 中，依次将 RDD 的所有元素进行累加。

```
>>> sc.parallelize([1, 2, 3, 4, 5]).reduce(add)
15
```

可以看出，当 reduce 算子触发时，结果直接出现，而不是产生一个新的 RDD。再举一个较为复杂的例子。

```
>>> sc.parallelize((2 for _ in range(10))).map(lambda x: 1).cache().reduce(add)
10
```

上述例子中：2 for _ in range(10)表示产生 10 个元素，元素值都为 2，map(lambda x: 1)将所有的元素都置为 1，cache( )表示将结果进行缓存，最后进行一次 reduce 操作。reduce 操作类似于生成器，每次取出一个元素进行累加。如果 RDD 中只有一个元素，可以正确进行 reduce 操作；当 RDD 为空时，则会提示错误，示例代码如下。

```
>>> sc.parallelize([]).reduce(add)
Traceback (most recent call last):
  File "<stdin>", line 1, in <module>
  File "/opt/apps/spark/Python/pyspark/rdd.py", line 853, in reduce
    raise ValueError("Can not reduce() empty RDD")
ValueError: Can not reduce() empty RDD
```

4.3.2 collect( )动作

collect( )动作返回一个包含 RDD 所有元素的列表（list），在测试代码时经常使用该算子查看 RDD 内的元素值。但需要注意的是，在使用这个算子时需要保证这个返回结果比较小，因为这个算子相当于将 RDD 的所有元素收集到 driver 的客户端的内存中。对于 collect( )动作返回的结果超出了内存大小的情况，Spark 提供了一套完整的机制把返回的结果存储在磁盘中。关于该机制内容读者可自行阅读 collect( )动作实现的源代码部分。

```
>>> sc.parallelize([1, 2]).collect()
[1, 2]
```

4.3.3 count( )动作

count( )动作返回的是 RDD 内元素的个数。

```
>>> sc.parallelize([1, 2, 5, 3]).count()
4
```

4.3.4　take(num)动作

take(num)动作返回 RDD 的前 n 个元素值，返回的结果为列表（list）类型。

```
>>> sc.parallelize([1, 2, 5, 3, 6, 7, 8, 9, 10], 3).take(4)
[1, 2, 5, 3]
```

4.3.5　first( )动作

first( )动作返回的是 RDD 中第一个元素值，与 take(1)的返回结果相同，返回的数据类型为元素类型。

```
>>> sc.parallelize([5, 10, 1, 2, 9, 3, 4, 5, 6, 7]).first()
5
>>> sc.parallelize([5, 10, 1, 2, 9, 3, 4, 5, 6, 7]).take(1)
[5]
>>> type(sc.parallelize([5, 10, 1, 2, 9, 3, 4, 5, 6, 7]).first())
<class 'int'>
>>> type(sc.parallelize([5, 10, 1, 2, 9, 3, 4, 5, 6, 7]).take(1))
<class 'list'>
```

4.3.6　top(num)动作

top(num)动作返回 RDD 内部元素的前 n 个最大值。

```
>>> sc.parallelize([1, 2, 3, 4, 6, 7, 8]).top(3)
[8, 7, 6]
```

4.3.7　saveAsTextFile( )动作

saveAsTextFile( )动作可以将 RDD 中的元素以字符串的格式存储在文件系统中。

```
>>> sc.parallelize(range(10)).saveAsTextFile('hdfs://mini01:9000/out')
```

查看 HDFS 文件系统。

```
[root@mini01 ~]# Hadoop fs -ls /out
Found 3 items
-rw-r--r--   3 root supergroup          0 2018-06-02 11:40 /out/_SUCCESS
-rw-r--r--   3 root supergroup         10 2018-06-02 11:40 /out/part-00000
-rw-r--r--   3 root supergroup         10 2018-06-02 11:40 /out/part-00001
```

查看文件内容。

```
[root@mini01 ~]# Hadoop fs -cat /a.txt/part-00001
```

```
5
6
7
8
9
```

RDD 的元素可以保存在共享文件系统，也可以保存在 Linux 等本地文件系统。

4.3.8　foreach(f)动作

foreach(f)动作会遍历 RDD 内的每一个元素，同时可以通过传递自定义的处理函数 f，对 RDD 内的每一个元素进行处理。foreach 算子与 map 算子十分相似，但区别在于 foreach 算子没有返回值，而 map 算子有返回值。由于无返回值，特别适合用于将数据写入数据库，存储在文件中的操作。

```
>>> def f(x): print(x)
>>> sc.parallelize([1, 2, 3, 4, 5]).foreach(f)
```

Python 的交互界面没有对应的 print 输出，可能对读者造成误解，这里列出 Scala 的 foreach 算子的运行情况，从中可以看见 foreach( )操作仅仅执行 print 操作，但无返回值生成。

```
scala> sc.parallelize(List(1, 2, 3, 4, 5))
res2: org.apache.spark.rdd.RDD[Int] = ParallelCollectionRDD[0] at parallelize at <console>:25
scala> res2.foreach(print(_))
12345
```

4.3.9　foreachPartition(f)动作

foreachPartition(f)用法与 mapPartions( )的用法类似，它可以遍历 RDD 的每个分区，并可以通过传递的 f 函数对每个分区进行操作。

```
>>> def f(iterator):
...     for x in iterator:
...         print(x)
>>> sc.parallelize([1, 2, 3, 4, 5]).foreachPartition(f)
```

使用 Scala 编写的代码如下。

```
scala> val rdd1 = sc.parallelize(List(1, 2, 3, 4, 5, 6, 7, 8, 9), 3)
rdd1: org.apache.spark.rdd.RDD[Int] = ParallelCollectionRDD[0] at parallelize at <console>:24
scala> rdd1.foreachPartition(x => println(x.reduce(_ + _)))
15
6
24
```

4.4 RDD Key-Value 转换算子

Spark 为包含键值对（Key-Value）类型的 RDD 提供了一些专有的操作，这些 RDD 被称为 PairRDD。PairRDD 提供了可以并行处理各个键对应的数据和对分布在不同节点上的数据重新进行分组的接口。如 PairRDD 提供了 reduceByKey( )方法，可以对 RDD 内部键相同的所有元素进行合并，还有 join( )方法可以把两个 RDD 中键相同的元素组合在一起，合并为一个 RDD。PairRDD 可以使用所有标准 RDD 上可用的 transform 和 action 算子（见本章 4.2 节）。传递函数的规则也适用于 PairRDD。因为 PairRDD 中包含二元组，所以需要传递的函数是两个元素而不是独立的元素。

4.4.1 mapValues(f)操作

mapValues(f)操作是在不改变原有 Key 键的基础上，对 Key-Value 结构 RDD 的 Vaule 值进行一个 map 操作，分区保持不变。

```
>>> x = sc.parallelize([("a", ["apple", "banana", "lemon"]), ("b", ["grapes"])])
>>> def f(x): return len(x)
>>> x.mapValues(f).collect()
[('a', 3), ('b', 1)]
```

mapValues 算子使用时，f( )函数仅作用在 Value 值上，Key 键保持不变，返回的值为 Key 键和 Value 的长度。

4.4.2 flatMapValues(f)操作

flatMapValues(f)操作是对 Key-Value 结构的 RDD 先执行 mapValue 操作，再执行压平的操作。

```
>>> x = sc.parallelize([("a", ["x", "y", "z"]), ("b", ["p", "r"])])
>>> def f(x): return x  # 对 x 不进行任何的操作
>>> x.flatMapValues(f).collect()
[('a', 'x'), ('a', 'y'), ('a', 'z'), ('b', 'p'), ('b', 'r')]
```

4.4.3 combineByKey 操作

函数：combineByKey(createCombiner, mergeValue, mergeCombiners, numPartitions=None, partitionFunc=<function portable_hash>)

参数含义：

createCombiner：分区内创建组合函数；

mergeValue：分区内合并值函数；

mergeCombiners：多分区合并组合器函数；

combineByKey 是一个较为底层的算子，使用方法如下。

```
>>> x = sc.parallelize([("a", 1), ("b", 1), ('c', 1), ('c', 1), ("a", 2), ("b", 1), ("d", 1), ('c', 1)])
>>> def to_list(a):
...     return [a]
>>> def append(a, b):
...     a.append(b)
...     return a
>>> def extend(a, b):
...     a.extend(b)
...     return a...
>>> sorted(x.combineByKey(to_list, append, extend).collect())
[('a', [1, 2]), ('b', [1, 1]), ('c', [1, 1, 1]), ('d', [1])]
```

combineByKey 遍历分区中的所有元素，因此每个元素的 Key 要么没遇到过，要么和之前某个元素的 Key 相同。如果这是一个新的元素，函数会调用 createCombiner 创建 Key 对应的累加器初始值。如果这是一个在处理当前分区之前遇到的 Key，会调用 mergeCombiners 把 Key 的累加器对应的 value 与这个新 value 合并。

4.4.4 reduceByKey 操作

reduceByKey 操作是根据 Key 进行分组，对分组内的元素进行操作。输出分区数和指定分区数相同，如果没有指定分区数，安装默认是并行级别，默认分区规则是哈希分区。

```
>>> rdd = sc.parallelize([("a", 1), ("b", 1), ("a", 1)])
>>> rdd.reduceByKey(lambda x, y:x+y).collect()
[('b', 1), ('a', 2)]
```

4.4.5 groupByKey 操作

groupByKey 是将 Pair RDD 中具相同 Key 的值放一个序列中。

```
>>> rdd = sc.parallelize([("a", 1), ("b", 1), ("a", 1)])
>>> sorted(rdd.groupByKey().mapValues(len).collect())
[('a', 2), ('b', 1)]
>>> sorted(rdd.groupByKey().mapValues(list).collect())
[('a', [1, 1]), ('b', [1])]
```

如果要在分组后的每个键上执行聚合（如求和或平均），就使用 readuceByKey 提供更好的性能。原因在于 readuceByKey 会先在分区内执行聚合操作，再将分区结果拉取到聚合节点进行分区间的聚合操作，groupByKey 是将所有元素拉取到聚合节点后再执行聚合操作。

4.4.6 sortByKey 操作

sortByKey 操作可以根据 RDD 的键对内部元素重新排序。

```
>>> tmp = [('a', 1), ('b', 2), ('1', 3), ('d', 4), ('2', 5)]
>>> sc.parallelize(tmp).sortByKey().first()
('1', 3)
>>> sc.parallelize(tmp).sortByKey(True, 1).collect()
[('1', 3), ('2', 5), ('a', 1), ('b', 2), ('d', 4)]
```

4.4.7 keys( )操作

keys( )操作的返回类型为 RDD，RDD 内部包含的元素为每个键值对类型数据的键。

```
>>> m = sc.parallelize([(1, 2), (3, 4)]).keys()
>>> m.collect()
[1, 3]
```

4.4.8 values( )操作

values( )操作的返回类型为 RDD，RDD 内部包含的元素为每个键值对类型的值。

```
>>> m = sc.parallelize([(1, 2), (3, 4)]).values()
>>> m.collect()
[2, 4]
```

4.4.9 join 操作

RDD 的 join 操作与 SQL 中的 join 操作含义一致，用户可以根据数据的 Key 键进行连接。

```
>>> x = sc.parallelize([("a", 1), ("b", 4)])
>>> y = sc.parallelize([("a", 2), ("a", 3)])
>>> x.join(y).collect()
[('a', (1, 2)), ('a', (1, 3))]
```

4.4.10 leftOuterJoin 操作

leftOuterJoin 操作表示左外连接，与 SQL 中的左外连接一致。

```
>>> x = sc.parallelize([("a", 1), ("b", 4)])
>>> y = sc.parallelize([("a", 2)])
>>> x.leftOuterJoin(y).collect()
[('a', (1, 2)), ('b', (4, None))]
```

4.4.11 rightOuterJoin 操作

rightOuterJoin 操作表示右外连接，与 SQL 中的右外连接一致。

```
>>> x = sc.parallelize([("a", 1), ("b", 4)])
>>> y = sc.parallelize([("a", 2)])
>>> y.rightOuterJoin(x).collect()
[('a', (2, 1)), ('b', (None, 4))]
```

4.5　RDD Key-Value 动作运算

针对 Key-Value 结构类型的 RDD，Spark 提供了专门的 action 算子进行操作，例如，collectAsMap( )操作和 countByKey( )操作。

4.5.1 collectAsMap( )操作

与 collect 相关的算子是将结果返回到 driver 端。collectAsMap 算子是将 Kev-Value 结构的 RDD 收集到 driver 端，并返回成一个字典。

```
>>> m = sc.parallelize([(1, 2), (3, 4)]).collectAsMap()
>>> type(m)
<class 'dict'>
>>> m
{1: 2, 3: 4}
>>> n= sc.parallelize([(1, 2), (3, 4)]).collect()
>>> type(n)
<class 'list'>
>>> n
[(1, 2), (3, 4)]
```

4.5.2 countByKey( )操作

countByKey( )操作是统计每个 Key 键的元素数。

```
>>> rdd = sc.parallelize([("a", 1), ("b", 1), ("a", 1)])
>>> rdd.countByKey()
defaultdict(<class 'int'>, {'a': 2, 'b': 1})
>>> rdd.countByKey().items()
[('a', 2), ('b', 1)]
```

4.6 共享变量

4.6.1 累加器

一个全局共享变量，可以完成对信息进行聚合操作。当我们想从文件中读取无线电的信号列表的日志时，也想知道输入文件中有多少空行，这里就可以用到累加器（accumulator）。需要注意的是累加器是懒加载的，需要有 action 算子触发才会执行。下面是统计一个 RDD 中有多少个元素为空的示例，代码如下。

```
#在 Python 中累加空行，读入文件
>>> file = sc.parallelize(['1','2','3','','1','2','3','','1','2','3',''])
>>> blankLines = sc.accumulator(0)
>>> def extractCallSigns(line):
...     global blankLines  #访问全局变量
...     if (len(line) == 0):
...         blankLines += 1
...     # print(blankLines.value) # 不能在任务内部访问值，会抛出异常
...     return line
>>> callSigns = file.map(extractCallSigns).collect() #
>>> print ("Blank Lines:%d " % blankLines.value)
Blank Lines:3
```

上述代码首先创建了一个叫作 blankLines 的 accumulator(Int)对象，然后当在输入中遇到元素长度为 0 时就+1，执行完转化操作后就打印出累加器中的值。注意：只有在执行完 collect( )的 action 操作后才能看到正确的计数，map( )是 transformation 操作，是惰性的。

读者可能会想，既然都有 reduce( )这样的聚合操作，为什么还有累加器这个东西存在呢？因为 RDD 本身提供的同步机制粒度太粗，尤其在 transformation 操作中变量状态不能同步，而累加器可以对那些与 RDD 本身的范围和粒度不一样的值进行聚合，不过它是一个 write-only 的变量，无法读取这个值，只能在驱动程序中使用 value 方法来读取累加器的值。

4.6.2 广播变量

Spark 的算子逻辑是发送到 Executor 中运行的，数据是分区的，因此当 Executor 中需要引用外部变量时，需要使用广播变量（Broadcast）。

累加器相当于统筹大变量，通常用于计数。统计广播变量允许程序员缓存一个只读的

变量在每台机器（worker）上面，而不是每个任务（task）保存一份备份。利用广播变量能够以一种更有效率的方式将一个大数据量输入集合的副本分配给每个节点。

广播变量通过两个方面提高数据共享效率：（1）集群中每个节点（物理机器）只有一个副本，默认的闭包是每个任务一个副本；（2）广播传输是通过 BT 下载模式实现的，也就是 P2P 下载，在集群多的情况下，可以极大地提高数据传输速率。广播变量修改后，不会反馈到其他节点。

在 Spark 中，它会自动地把所有引用的变量发送到工作节点上，这样做很方便，但是也很低效：一是默认的任务发射机制是专门为小任务进行优化的；二是在实际过程中可能会在多个并行操作中使用同一个变量，而 Spark 会分别为每个操作发送这个变量。举个例子，查看广播变量的使用过程，用 Spark 实现如下。

```
# 与累加器相识，使用SparkContext 创建一个广播变量，广播变量是一个外部变量
>>> b = sc.broadcast([1, 2, 3, 4, 5])
# 查看广播变量的值
>>> b.value
[1, 2, 3, 4, 5]
# 在计算过程中需要外部变量，将封装成广播变量的外部变量值传入即可
>>> sc.parallelize([0, 0, 0, 0, 0, 0, 0, 0]).flatMap(lambda x: b.value).collect()
[1, 2, 3, 4, 5, 1, 2, 3, 4, 5, 1, 2, 3, 4, 5, 1, 2, 3, 4, 5, 1, 2, 3, 4, 5, 1, 2, 3, 4, 5, 1, 2, 3, 4, 5, 1, 2, 3, 4, 5]
# 解除广播变量的持久化操作
>>> b.unpersist()
#当所引用的外部变量较小时，可以直接传入变量
>>> b= [1, 2, 3]
>>> sc.parallelize([0, 0, 0, 0, 0, 0, 0, 0]).flatMap(lambda x: b).collect()
[1, 2, 3, 1, 2, 3, 1, 2, 3, 1, 2, 3, 1, 2, 3, 1, 2, 3, 1, 2, 3, 1, 2, 3]
```

当广播变量的内部存储的数据量较小时可以进行高效的广播，但是当这个变量变得很大时，例如，在广播规则库时，规则库很容易达到数十 MB 的级别，从主节点为每个任务发送这样的规则库数组会非常消耗内存，而且如果之后还需要用到规则库这个变量，则需要再向每个节点发送一遍。同时如果一个节点的 Executor 中多个 Task 都用到这个变量，那么每个 Task 中都需要从 driver 端发送一份规则库的变量，最终导致占用的内存空间很大。如果变量为外部变量，进行广播前要进行 collect 操作，示例代码如下。

```
>>> a =sc.textFile('/root/index.html')
>>> b = a.collect() # 如果直接广播 a 会报错，原因在于 RDD 中仅仅记录了操作，而没有真的数据存在
>>> c = sc.broadcast(b)
>>> c.value
['<!DOCTYPE html>'...... </html>']
```

通过调用一个对象 SparkContext.broadcast 创建一个 Broadcast 对象，任何可序列化的

对象都可以这样实现。需要注意的是，如果变量是从外部读取的，需要先进行 collect 操作，再进行广播。如果广播的值比较大，可以选择既快又好的序列化格式。在 Scala 和 Java API 中默认使用 Java 序列化库，对于除基本类型的数组以外的任何对象都比较低效。我们可以使用 spark.serializer 属性选择另一个序列化库来优化序列化过程（也可以使用 reduce( )方法为 Python 的 pickle 库自定义序列化）。

4.7 依赖关系

4.7.1 血统

RDD 只支持粗粒度转换，即在大量记录上执行单个操作。RDD 的 Lineage（血统）会记录 RDD 的元数据信息和转换行为，当该 RDD 的部分分区数据丢失时，它可以根据这些信息重新运算和恢复丢失的数据分区。

Spark 处理分布式运算环境下的数据容错性（节点实效/数据丢失）问题是采用血统关系方案。RDD 数据集通过血统关系记住了它是怎样从其他 RDD 中演变过来的。相比其他系统的细颗粒度的内存数据更新备份或者 LOG 机制，RDD 的 Lineage 记录的是粗颗粒度的特定数据转换（Transformation）操作（filter、map、join 等）行为。当这个 RDD 的部分分区数据丢失时，它能够通过 Lineage 获取足够的信息再一次运算和恢复丢失的数据分区。

这样的粗颗粒的数据模型限制了 Spark 的应用场合，但相比细颗粒度的数据模型，也带来了性能的提升。

4.7.2 宽依赖与窄依赖

RDD 在 Lineage 依赖方面分为两种：Narrow Dependencies（窄依赖）与 Wide Dependencies（宽依赖），它们用来解决数据容错的高效性。

窄依赖是指每个父 RDD 的一个 Partition 最多只被子 RDD 的一个 Partition 所使用，如 map、filter、union 等操作都会产生窄依赖。宽依赖是指一个父 RDD 的 Partition 会被多个子 RDD 的 Partition 所使用，如 groupByKey、reduceByKey、sortByKey 等操作都会产生宽依赖。读者可以这么理解，如果 RDD 之间的操作产生了 shuffle，就是宽依赖。窄依赖和宽依赖如图 4-1 所示。

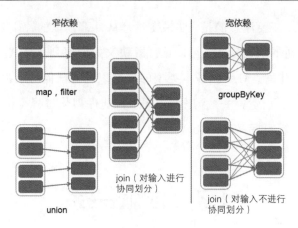

图 4-1 窄依赖和宽依赖

需要特别说明的是，对于 join 操作有两种情况：（1）如果两个 RDD 在进行 join 操作时，多个父 RDD 的分区对应于一个子 RDD 的分区，如图 4-1 所示左半部分的 join 操作，这种类型的 join 操作就是窄依赖；（2）如果父 RDD 的所有分区进行连接转换的过程涉及 shuffle 操作，如图 4-1 所示右半部分的 join 操作，这种类型的 join 操作就是宽依赖。

一般来说窄依赖的计算效率要高于宽依赖，当数据出现丢失时，会通过血统将对应分区中的数据恢复，而无关的分区就不用重新计算，而宽依赖的每个子分区可能对应多个父分区，恢复时需要较大的计算量。

4.7.3 shuffle

Spark 里的某些操作会触发 shuffle。shuffle 是 Spark 重新分配数据的一种机制，使得这些数据可以跨不同的区域进行分组。shuffle 通常涉及 Executor 与机器之间的数据复制，这使得 shuffle 成为一个复杂的、代价高的操作。

reduceByKey 操作产生一个新的 RDD，其中所有相同 Key 的值先组合成为一个 tuple-Key 类型的数据，然后在 reduce 函数中对相同 Key 的值进行合并。但是一个 Key 的所有值不一定都在同一个 Parittion 分区里，甚至不一定在同一台机器里，但是它们必须共同被计算。

在 Spark 里，特定的操作需要数据不跨分区分布。在计算期间，一个任务在一个分区上执行，为了所有数据都在单个 reduceByKey 的 reduce 任务上运行，它必须从所有分区读取所有的 Key 和 Key 对应的所有的值，并且跨分区去计算每个 Key 的结果，这个过程就叫作 shuffle。

shuffle 后的数据集内部元素顺序是不确定的，如果希望 shuffle 后的数据是有效的，可以使用下面几种操作方法。

（1）mapPartitions 对每个 Partition 分区进行排序。

（2）repartitionAndSortWithinPartitions 在分区的同时对分区进行高效的排序。

（3）sortBy 对 RDD 进行全局的排序。

触发的 shuffle 操作包括以下几种。

（1）重新分配操作，如 repartition、coalesce。

（2）ByKey 操作（除了 counting 之外），如 groupByKey、reduceByKey。

（3）连接操作，如 cogroup、join。

shuffle 是一个代价比较高的操作，它涉及磁盘 I/O、数据序列化、网络 I/O。为了准备 shuffle 操作的数据，Spark 启动了一系列的任务，map 组织数据，reduce 完成数据的聚合。这些术语来自 MapReduce，与 Spark 的 map 操作和 reduce 操作没有关系。在 MapReduce 内部，一个 map 任务的所有结果数据会保存在内存，直到内存不能存储为止。然后，这些数据将基于目标分区进行排序并写入一个单独的文件中。在 reduce 时，任务将读取相关的已排序的数据块。

shuffle 操作还会在磁盘上生成大量的中间文件。在 Spark 1.3 中，这些文件将会保留到对应的 RDD 不再使用并被垃圾回收为止。这样做的好处是，如果在 Spark 重新计算 RDD 的血统关系时，shuffle 操作产生的这些中间文件不需要重新创建。如果 Spark 应用长期保持对 RDD 的引用状态，或者是长期不进行垃圾回收操作，这将导致垃圾回收的周期变长。这意味着，长期运行 Spark 任务可能会消耗大量的磁盘空间。

4.7.4　DAG 的生成

原始的 RDD 通过一系列的转换就形成有向无环图（Directed Acyclic Graph，DAG）。在 Spark 里每一个操作生成一个 RDD，RDD 之间连一条边，最后这些 RDD 和它们之间的边组成一个有向无环图。根据 RDD 之间依赖关系的不同将 DAG 划分成不同的 Stage，对于窄依赖，Partition 的转换处理在 Stage 中完成计算。

有了有向无环图，Spark 内核下一步的任务就是根据 DAG 图将计算划分成任务集，也就是 Stage，这样可以将任务提交到计算节点进行计算，如图 4-2 所示。Spark 计算的中间结果默认是保存在内存中的，Spark 在划分 Stage 的时候会充分考虑在分布式计算中可流水线计算（pipeline）的部分来提高计算的效率，而在这个过程中，主要的根据就是 RDD 的依赖类型。根据不同的 transformation 操作，RDD 的依赖可以分为窄依赖（Narrow Dependency）和宽依赖（Wide Dependency）两种类型。宽依赖往往意味着 shuffle 操作，这也是 Spark 划分 Stage 的主要边界。对于窄依赖，Spark 会将其尽量划分在同一个 Stage 中，因为它们可以进行流水线计算。

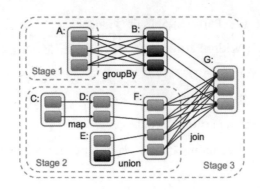

图 4-2 DAG 的 Stage 划分

4.8 Spark RDD 的持久化

4.8.1 持久化使用方法

Spark 有一个很重要的能力就是将数据持久化，在多个操作间都可以访问这些持久化的数据。当持久化一个 RDD 时，每个节点的其他分区都可以使用 RDD 在内存中进行计算，在该数据上的其他 action 操作将直接使用内存中的数据。这样会让以后的 action 操作计算速度加快（通常运行速度会快 10 倍）。缓存是迭代算法和快速的交互式使用的重要工具。

RDD 可以使用 persist( )方法或 cache( )方法进行持久化。数据将会在第一次 action 操作时被计算，并被缓存在节点的内存中，这样当 action 再次触发时，已经使用 persist( )方法或 cache( )方法的 RDD 就不需要重新计算，采用直接读取缓存中的数据，加快计算过程。Spark 的缓存具有容错机制，如果一个缓存的 RDD 的某个分区丢失了，Spark 将按照原来的计算过程，自动重新计算并进行缓存。需要说明的是，持久化操作也是一个懒加载的操作，需要有 action 动作触发才会真正执行。

cache( )持久化 RDD 使用默认的持久化级别 MEMORY_ONLY。persist( )持久化 RDD 使用指定的级别，示例代码如下。

```
>>> rdd = sc.parallelize(["b", "a", "c"])
>>> rdd.persist().is_cached
True
# 查看当前的持久化级别
>>> rdd.getStorageLevel()
StorageLevel(False, True, False, False, 1)
```

Spark 会自动监视每个节点上的缓存使用情况，并使用 LRU（Least Recently Used，最近最少使用）的方式来丢弃旧数据分区。如果想手动删除 RDD 而不是等待它掉出缓存，则使用 RDD.unpersist( )方法。

```
>>> rdd.unpersist()
ParallelCollectionRDD[75] at parallelize at PythonRDD.scala:175
>>> rdd.getStorageLevel()
StorageLevel(False, False, False, False, 1)
>>> rdd.is_cached
False
```

在 RDD 持久化后，可以在 Spark 的 UI 界面的 Storage 页面中查看，如图 4-3 所示。

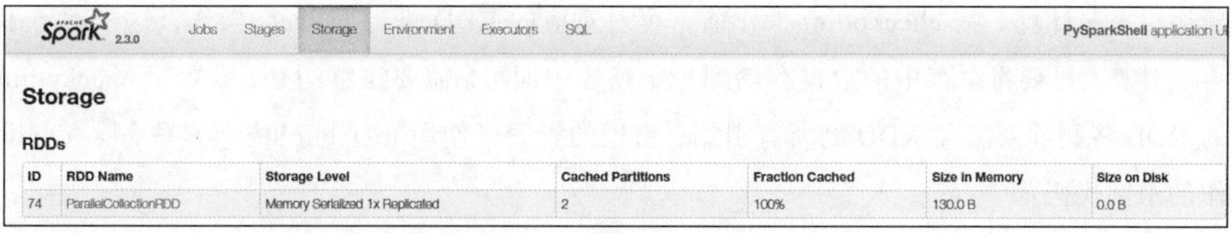

图 4-3　持久化的 UI 显示

4.8.2　持久化存储等级

每个持久化的 RDD 可以使用不同的存储等级进行缓存。例如，持久化到磁盘、以序列化的 Java 对象形式持久化到内存（可以节省空间）、跨节点间复制、以 off-heap 的方式存储在 Tachyon。这些存储级别通过传递一个 StorageLevel 对象给 persist( )方法进行设置。cache( )方法是使用默认存储级别的快捷设置方法，默认的存储级别是 StorageLevel.MEMORY_ONLY（将反序列化的对象存储到内存中）。

StorageLevel 是 RDD 存储级别的标志，分为是否使用内存、是否将 RDD 持久化到磁盘、是否使用序列化、以及是否复制多个节点的 RDD 的分区。由于数据总是在 Python 端序列化，所以所有常量都使用序列化格式。

在 Python 中可用的存储级别有 MEMORY_ONLY、MEMORY_ONLY_2、MEMORY_AND_DISK、MEMORY_AND_DISK_2、DISK_ONLY 及 DISK_ONLY_2 等。详细的存储级别分别如下。

```
DISK_ONLY = StorageLevel(True, False, False, False, 1)
DISK_ONLY_2 = StorageLevel(True, False, False, False, 2)
MEMORY_AND_DISK = StorageLevel(True, True, False, False, 1)
MEMORY_AND_DISK_2 = StorageLevel(True, True, False, False, 2)
MEMORY_AND_DISK_SER = StorageLevel(True, True, False, False, 1)
MEMORY_AND_DISK_SER_2 = StorageLevel(True, True, False, False, 2)
MEMORY_ONLY = StorageLevel(False, True, False, False, 1)
MEMORY_ONLY_2 = StorageLevel(False, True, False, False, 2)
```

```
MEMORY_ONLY_SER = StorageLevel(False, True, False, False, 1)
MEMORY_ONLY_SER_2 = StorageLevel(False, True, False, False, 2)
OFF_HEAP = StorageLevel(True, True, True, False, 1)
```

4.8.3 检查点

在某些操作中，持久化的操作依然有数据丢失的风险，如果数据一旦丢失且无法恢复，建议使用 checkpoint（检查点）操作。在 checkpoint 操作前要求设置一个 checkpoint 存储目录，设置了 checkpoint 操作的 RDD 会将结果保存在对应的路径中，这个存储的过程是重新运行一遍计算。在 checkpoint 操作前，可对对应的 RDD 进行 cache( )操作，这样就不用再次计算，只要将缓存中的数据存储到指定路径中即可。需要注意的是，设置了 checkpoint 的 RDD 将删除对其父 RDD 的所有引用，引用的查看可使用 toDebugString。关于检查点操作的示例代码如下。

```
>>> rdd = sc.parallelize(["b", "a", "c"])
>>> sc.setCheckpointDir('hdfs://mini01:9000/output1')
>>> rdd.cache()
ParallelCollectionRDD[76] at parallelize at PythonRDD.scala:175
>>> rdd.checkpoint()
>>> rdd.collect()
['b', 'a', 'c']
```

4.9 小结

本章重点介绍了 RDD 的相关知识，通过了解 RDD 的特征、transform 算子和 action 算子，读者可以完成对 Spark 的简单使用，完成数据清洗等常规工作。在程序中使用共享变量、依赖关系、持久化等方法后，读者的代码会更为优化。

习 题

1. 选择题

（1）将一个已存在的集合变成 RDD 的方法是（　　）。

　　A. parallelize　　B. load　　C. add　　D. textFile

（2）下列哪一个不是 RDD 的转换算子。（　　）

　　A. map　　B. flatMap　　C. reduce　　D. distinct

（3）现已知 rdd = sc.parallelize([1, 2, 3, 4, 5])，则 rdd.filter(lambda x: x % 2 == 0).collect() 的运行结果为（　　）。

  A．[1,3,5]　　　　B．[2,4]　　　　C．[1,3]　　　　D．[2]

（4）sc.parallelize([1, 2, 3, 8, 6, 7, 4]).top(3)的运行结果为（　　）。

  A．[1,2,3]　　　　B．[6,7,4]　　　　C．[8,7,6]　　　　D．[6]

（5）已知 x = sc.parallelize([("a", 1)，("b", 4)])，y = sc.parallelize([("a", 2)，("a", 3)])，则 x.join(y).collect()的运行结果为（　　）。

  A．[('a', (1, 2)), ('a', (1, 3))]

  B．[('a', (1, 3)), ('b', (4, 2))]

  C．[('a', (1, 2, 3)), ('b', (4,))]

  D．[('a', (2, 1)), ('b', (3, 4))]

2．简答题

（1）简述 Spark RDD 是什么，有哪些特点？

（2）Spark RDD 执行算子和转换算子有什么区别？

（3）简述 Spark 的 Lineage 的作用是什么？

（4）简述 Spark RDD 要进行持久化的原因。

第 5 章
DataFrame 与 Spark SQL

第 4 章对 Spark RDD 的特点和常用算子进行了介绍，但随着 Spark 版本的更迭，Spark RDD 的不足之处便逐渐凸显。由于它处于底层，开发人员在实际开发中效率低下，因此 Spark 开发者将 Spark RDD 进行了高层封装，从而诞生了 Spark DataFrame 和 Spark SQL，这两者的诞生使 Spark 程序开发像编写单机程序那样简单，Spark RDD 也逐渐被取代。

本章主要内容如下。

（1）什么是 Spark DataFrame。

（2）什么是 Spark SQL。

（3）Spark SQL 与 DataFrame 的区别与联系。

（4）Spark SQL 与 DataFrame 的常用操作。

5.1 DataFrame

5.1.1 DataFrame 介绍

Spark SQL 从 1.3 开始，在原有 SchemaRDD 的基础上提供了与 R 和 Pandas 风格类似的 DataFrame API。新的 DataFrame API 不仅可以大幅度降低普通读者的学习难度，同时还支持 Scala、Java 与 Python 三种语言。更重要的是，DataFrame 源于 SchemaRDD，所以 DataPrame 更适用于分布式大数据场景。

在 Spark 中，DataFrame 以 RDD 为基础，是一种分布式数据集，与传统数据库中的二维表格类似，如图 5-1 所示。DataFrame 与 RDD 的主要区别如下，前者带有 Schema 元素信息，即 DataFrame 所表示的二维表数据集，包含每一列的名称和类型。这使得 Spark SQL 可以帮助读者洞察更多的结构信息，从而对隐藏于 DataFrame 背后的数据信息，以及作用于 DataFrame 的转化，进行更有针对性的优化，最终达到大幅提升运行效率的目的。反观 RDD，由于读者无从得知所存数据元素的具体内部结构，Spark Core 只能在 stage 层面进行简单、通用的流水线优化。

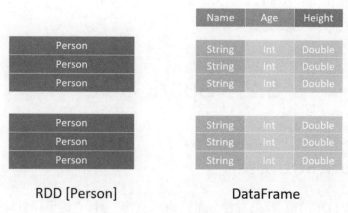

图 5-1 RDD、DataFrame 的结构图

5.1.2 DataFrame 创建

在 Spark SQL 中，开发者可以非常便捷地将各种数据源数据转换为 DataFrame。以下 Python 示例代码，充分展现了 Spark SQL 中 DataFrame 数据源的丰富多样和简单易用这两个特点。

```
# 从 Hive 中的 users 表构造 DataFrame
users = sqlContext.table("users")
# 加载 S3 上的 JSON 文件
logs = sqlContext.load("s3n://path/to/data.json", "json")
# 加载 HDFS 上的 Parquet 文件
clicks = sqlContext.load("hdfs://path/to/data.parquet", "parquet")
# 通过 JDBC 访问 MySQL
comments = sqlContext.jdbc("jdbc:mysql://localhost/comments", "user")
# 将普通 RDD 转变为 DataFrame
rdd = sparkContext.textFile("article.txt") \
flatMap(lambda line: line.split()) \
map(lambda word: (word, 1)) \
reduceByKey(lambda a, b: a + b) \
wordCounts = sqlContext.createDataFrame(rdd, ["word", "count"])
# 将本地数据容器转变为 DataFrame
data = [("Alice", 21), ("Bob", 24)]
people = sqlContext.createDataFrame(data, ["name", "age"])
# 将 Pandas DataFrame 转变为 Spark DataFrame（Python API 特有功能）
sparkDF = sqlContext.createDataFrame(pandasDF)
```

由上述代码可见，从 Hive 表到外部数据源，API 支持的各种数据源（JSON、Parquet、JDBC），再到 RDD 乃至各种本地数据集，都可以被方便快捷地加载、转换为 DataFrame。

DataFrame 被创建时必须定义 Schema，定义每一个字段名与数据类型，因此可以用字段名进行统计。DataFrame API 已经定义了很多类似 SQL 的方法，如 select()、groupby()、count() 等，可以使用这些方法进行统计。

5.2 Spark SQL

5.2.1 Spark SQL 介绍

Shark 是 Spark SQL 的前身，是一种分布式 SQL 查询工具，它的设计目标就是兼容 Hive。Hive 属于一种快速上手的工具，尤其是面对那些熟悉 RDBMS 但又不理解 MapReduce 的技术人员，它是当时唯一运行在 Hadoop 上的 SQL 工具。但是 MapReduce 计算过程中大量的磁盘读写消耗了大量的 I/O，运行效率低下。为了提高 SQL 的效率，大量的 SQL 工具开始产生。

Shark 作为伯克利实验室 Spark 生态环境的组件之一，它修改了图 5-2 所示的右下角的内存管理、物理计划、执行三个模块，并使之能在 Spark 引擎上运行，从而使得 SQL 查询速度提升了数百倍。

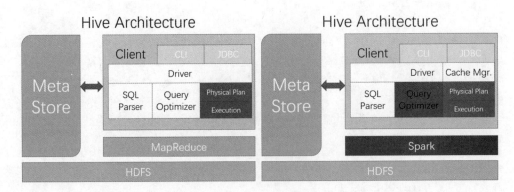

图 5-2　Hive、Shark 体系结构图

随着 Spark 的发展，对于 Spark 技术人员来说，Shark 对 Hive 有着太多的依赖（如利用 Hive 的语法解析器、结果优化查询器等），对 Spark 各个组件的相互集成都有所制约。因此，人们又提出了 Spark SQL 项目。Spark SQL 抛弃了 Shark 原有的代码，汲取了 Shark 的一些优点，如内存当中的列存储（In-Memory Columnar Storage）、Hive 兼容性等，对 Spark

SQL 代码进行重新开发。由于摆脱了对 Hive 的依赖性，Spark SQL 在多个方面的性能都得到了极大的提升，如数据兼容、性能优化、组件扩展等。

（1）数据兼容

在兼容 Hive 的同时，还可以从 RDD、Parquet 文件、JSON 文件中获取数据，后续的版本甚至支持获取 RDBMS 数据以及 Cassandra 等 NoSQL 数据。

（2）性能优化

除了采取多种优化技术，如 In-Memory Columnar Storage、byte-code generation 等，后续将会引进 Cost Model 对查询进行动态评估、获取最佳物理计划等。

（3）组件扩展

重新定义了 SQL 的语法解析器、分析器、优化器，方便进行扩展。

5.2.2 Spark SQL 的执行原理

近似于关系型数据库，Spark SQL 语句由 Projection（a1，a2，a3）、Data Source（tableA）、Filter（condition）组成，分别对应 SQL 查询过程中的 Result、Data Source、Operation，也就是说，SQL 语句是按指定次序来描述的，如 Result→Data Source→Operation，如图 5-3 所示。

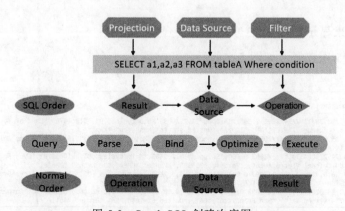

图 5-3　Spark SQL 创建次序图

执行 Spark SQL 语句的顺序如下。

（1）对读入的 SQL 语句进行解析（Parse），分辨出 SQL 语句中的关键词（如 SELECT、FROM、Where）、表达式、Projection、Data Source 等，从而判断 SQL 语句是否规范。

（2）将 SQL 语句和数据库的数据字典（列、表、视图等）进行绑定（Bind），如果相关的 Projection、Data Source 等都存在的话，就表示这个 SQL 语句是可以执行的。

（3）选择最优计划。一般的数据库会提供几个执行计划，这些计划一般都有运行统计数据，数据库会在这些计划中选择一个最优计划（Optimize）。

（4）计划执行（Execute）。计划执行按 Operation→Data Source→Result 的次序来进行，在执行过程中有时候甚至不需要读取物理表就可以返回结果，如重新运行执行过的 SQL 语句，可直接从数据库的缓冲池中获取返回结果。

5.2.3 Spark SQL 的创建

Spark SQL 是由 DataFrame 派生出来的，在使用时，第一步先创建 DataFrame，第二步将 DataFrame 注册成临时表，第三步使用临时表进行查询统计。因为 Spark SQL 使用标准的 SQL 语句，所以即使是非专业的程序设计人员也可以直接使用。

为了让大家更容易理解 Spark SQL 的使用，接下来讲解 Spark SQL 与 DataFrame 的创建过程。

（1）读取文本文件并查看数据的数目，如图 5-4 所示。

```
In [1]: from pyspark import SparkContext
        sc = SparkContext("local", "app")
        RawSalesDataRDD=sc.textFile("./Sales_data.csv")

In [2]: RawSalesDataRDD.count()
Out[2]: 2823
```

图 5-4　加载数据

以上运行结果显示共有 2823 项数据。

（2）查看前 5 项数据，如图 5-5 所示。

```
In [3]: RawSalesDataRDD.take(5)
Out[3]: [u'10107,30,95.7,2,2871,"2/24/2003 0:00","Shipped",1,2,2003,"Motorcycles",95,"S10_1678","Land of Toys Inc.","2125557818",
        "897 Long Airport Avenue",,"NYC","NY","10022","United States","NA","Yu","Kwai"',
         u'10121,34,81.35,5,2765.9,"5/7/2003 0:00","Shipped",2,5,2003,"Motorcycles",95,"S10_1678","Reims Collectables","26.47.155
        5","59 rue de l\'Abbaye",,"Reims",,"51100","France","EMEA","Henriot","Paul"',
         u'10134,41,94.74,2,3884.34,"7/1/2003 0:00","Shipped",3,7,2003,"Motorcycles",95,"S10_1678","Lyon Souveniers","+33 1 46 62
        7555","27 rue du Colonel Pierre Avia",,"Paris",,"75508","France","EMEA","Da Cunha","Daniel"',
         u'10145,45,83.26,6,3746.7,"8/25/2003 0:00","Shipped",3,8,2003,"Motorcycles",95,"S10_1678","Toys4GrownUps.com","626555726
        5","78934 Hillside Dr.",,"Pasadena","CA","90003","USA","NA","Young","Julie"',
         u'10159,49,100,14,5205.27,"10/10/2003 0:00","Shipped",4,10,2003,"Motorcycles",95,"S10_1678","Corporate Gift Ideas Co.","
        6505551386","7734 Strong St.",,"San Francisco","CA",,"United States","NA","Brown","Julie"']
```

图 5-5　查看前 5 项数据

（3）按照“,”符号获取每一个字段。

从之前的步骤看出，因为字段之间以“,”符号分隔，所以使用下列程序来获取每一个字段。

以下程序代码 RawSalesDataRDD.map(lambda line:…)使用 map 处理每一项数据，用 lambda 语句创建匿名函数传入 line 参数。在匿名函数中，line.split(“,”)按照“,”符号获取一个字段。最后查看前 5 项数据，如图 5-6 所示。

第 5 章 DataFrame 与 Spark SQL

```
In [4]: salesRDD=RawSalesDataRDD.map(lambda line:line.split(","))
        salesRDD.take(5)
Out[4]: [[u'10107',
          u'30',
          u'95.7',
          u'2',
          u'2871',
          u'"2/24/2003 0:00"',
          u'"Shipped"',
          u'1',
          u'2',
          u'2003',
          u'"Motorcycles"',
          u'95',
          u'"S10_1678"',
          u'"Land of Toys Inc."',
          u'"2125557818"',
          u'"897 Long Airport Avenue"',
          u'',
          u'"NYC"',
```

图 5-6 按分隔符分割数据

（4）使用 RDD 创建 DataFrame。

上面创建了 RawSalesDataRDD，因此使用 RDD 创建 DataFrame，首先构造 sqlContext，如图 5-7 所示。

```
In [5]: from pyspark.sql import SparkSession
        sqlContext=SparkSession.builder.getOrCreate()
```

图 5-7 创建 sqlContext

定义 Schema，定义 DataFrame 的每一个字段名与数据类型，如图 5-8 所示。

```
In [6]: from pyspark.sql import Row
        sale_Rows=salesRDD.map(lambda p:
                                Row(
                                    ORDERNUMBER=p[0],
                                    QUANTITYORDERED=p[1],
                                    PRICEEACH=p[2],
                                    ORDERLINENUMBER=p[3],
                                    SALES=p[4],
                                    ORDERDATE=p[5],
                                    STATUS=p[6],
                                    QTR_ID=p[7],
                                    MONTH_ID=p[8],
                                    YEAR_ID=p[9],
                                    PRODUCTLINE=p[10],
                                    MSRP=p[11],
                                    PRODUCTCODE=p[12],
                                    CUSTOMERNAME=p[13],
                                    PHONE=p[14],
                                    ADDRESSLINE1=p[15],
                                    ADDRESSLINE2=p[16],
                                    CITY=p[17],
                                    STATE=p[18],
                                    POSTALCODE=p[19],
                                    COUNTRY=p[20],
                                    TERRITORY=p[21],
                                    CONTACTLASTNAME=p[22],
                                    CONTACTFIRSTNAME=p[23]
                                )
        )
        sale_Rows.take(5)
Out[6]: [Row(ADDRESSLINE1=u'"897 Long Airport Avenue"', ADDRESSLINE2=u'', CITY=u'"NYC"', CONTACTFIRSTNAME=u'"Kwai"', CONTACTLASTNAME=u'"Yu"', COUNTRY=u'"United States"', CUSTOMERNAME=u'"Land of Toys Inc."', MONTH_ID=u'2', MSRP=u'95', ORDERDATE=u'"2/24/2003 0:00"', ORDERLINENUMBER=u'2', ORDERNUMBER=u'10107', PHONE=u'"2125557818"', POSTALCODE=u'"10022"', PRICEEACH=u'95.7', PRODUCTCODE=u'"S10_1678"', PRODUCTLINE=u'"Motorcycles"', QTR_ID=u'1', QUANTITYORDERED=u'30', SALES=u'2871', STATE=u'"NY"', STATUS=u'"Shipped"', TERRITORY=u'"NA"', YEAR_ID=u'2003'),
 Row(ADDRESSLINE1=u'"59 rue de l\'Abbaye"', ADDRESSLINE2=u'', CITY=u'"Reims"', CONTACTFIRSTNAME=u'"Paul"', CONTACTLASTNAME=u'"Henriot"', COUNTRY=u'"France"', CUSTOMERNAME=u'"Reims Collectables"', MONTH_ID=u'5', MSRP=u'95', ORDERDATE=u'"5/7/2003 0:00"', ORDERLINENUMBER=u'5', ORDERNUMBER=u'10121', PHONE=u'"26.47.1555"', POSTALCODE=u'"51100"', PRICEEACH=u'81.35', PRODUCTCODE=u'"S10_1678"', PRODUCTLINE=u'"Motorcycles"', QTR_ID=u'2', QUANTITYORDERED=u'34', SALES=u'2765.9', STATE=u'',
```

图 5-8 定义字段

创建了 sale_Rows 之后，使用 sqlContext.createDataFrame()方法传入 sale_Rows 数据，创建 DataFrame，然后使用.printSchema()方法查看 DataFrame 的 Schema，如图 5-9 所示。

图 5-9　查看 DataFrame 的 Schema 信息

以上结果显示的是 Schema，可以看到所有的数据成员都是 string 类型。图 5-10 可以查看 DataFrame 数据。

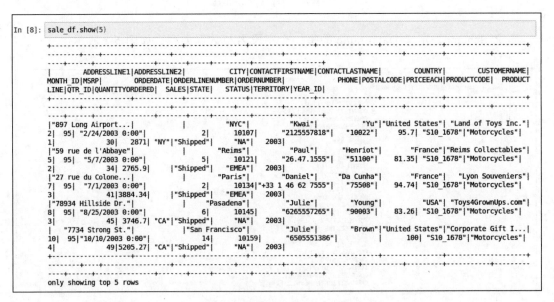

图 5-10　查看 DataFrame 数据

（5）使用 Spark SQL

在上一步创建了 DataFrame 类型的 sale_df 后，需要使用 registerTempTable 方法将 DataFrame 注册成一张临时表，注册后就可以使用 Spark SQL。其中 registerTempTable 函数

需要传递一个参数，如图 5-11 所示，sale_table 就是临时表的表名，在接下来的操作中可以使用该表名进行查询统计。

```
In [9]: sale_df.registerTempTable("sale_table")
```

图 5-11　注册临时表

使用 Spark SQL 查看项数，如图 5-12 所示。

```
In [10]: sqlContext.sql(" select count(*) counts from sale_table").show()
+------+
|counts|
+------+
|  2823|
+------+
```

图 5-12　使用 SQL 语句统计个数

使用 Spark SQL 查看数据，如图 5-13 所示。

图 5-13　查询全部数据

5.3　Spark SQL、DataFrame 的常用操作

5.3.1　字段计算

当显示数据时，某些字段必须经过计算，如商品联保时间字段等。想知道产品已联保

的时间，就用年份（比如 2018）减销售年份，可以知道产品的大概联保年限，此时就需要使用计算字段了。

（1）使用 DataFrame 增加计算字段。

因为 DataFrame 具有 Schema 信息，所以可以直接输入字段名，如图 5-14 所示。

```
In [12]: sale_df.select("ORDERNUMBER","PRODUCTCODE",(2018 - sale_df.YEAR_ID)).show(5)
+-----------+-----------+----------------+
|ORDERNUMBER|PRODUCTCODE|(2018 - YEAR_ID)|
+-----------+-----------+----------------+
|      10107|  "S10_1678"|            15.0|
|      10121|  "S10_1678"|            15.0|
|      10134|  "S10_1678"|            15.0|
|      10145|  "S10_1678"|            15.0|
|      10159|  "S10_1678"|            15.0|
+-----------+-----------+----------------+
only showing top 5 rows
```

图 5-14　DataFrame 增加字段

（2）使用 Spark SQL 增加计算字段，如图 5-15 所示。

```
In [13]: sqlContext.sql(" select ORDERNUMBER, PRODUCTCODE,  (2018 - YEAR_ID) from sale_table").show(5)
+-----------+-----------+-------------------------------------------+
|ORDERNUMBER|PRODUCTCODE|(CAST(2018 AS DOUBLE) - CAST(YEAR_ID AS DOUBLE))|
+-----------+-----------+-------------------------------------------+
|      10107|  "S10_1678"|                                       15.0|
|      10121|  "S10_1678"|                                       15.0|
|      10134|  "S10_1678"|                                       15.0|
|      10145|  "S10_1678"|                                       15.0|
|      10159|  "S10_1678"|                                       15.0|
+-----------+-----------+-------------------------------------------+
only showing top 5 rows
```

图 5-15　Spark SQL 增加字段

5.3.2　条件查询

（1）使用 DataFrame 筛选数据，如图 5-16 所示。

```
In [14]: sale_df.filter("YEAR_ID='2003'").show(5)
+-----------------+------------+-----+---------------+--------------+---------+-----------+
|     ADDRESSLINE1|ADDRESSLINE2| CITY|CONTACTFIRSTNAME|CONTACTLASTNAME|  COUNTRY| CUSTOMERNAME
|MONTH_ID|MSRP|         ORDERDATE|ORDERLINENUMBER|ORDERNUMBER|        PHONE|POSTALCODE|PRICEEACH|PRODUCTCODE|  PRODU
CTLINE|QTR_ID|QUANTITYORDERED|   SALES|STATE|  STATUS|TERRITORY|YEAR_ID|
+-----------------+------------+-----+---------------+--------------+---------+-----------+

|"897 Long Airport...|            | "NYC"|          "Kwai"|            "Yu"|"United States"|"Land of Toys Inc."
|       2|  95|"2/24/2003 0:00"|              2|      10107|"2125557818"|   "10022"|     95.7|  "S10_1678"| "Motorc
ycles"|     1|             30|  2871|"NY"|"Shipped"|     "NA"|   2003|
|"59 rue de l'Abbaye"|            |"Reims"|         "Paul"|       "Henriot"|     "France"|"Reims Collectables"
|       5|  95| "5/7/2003 0:00"|              5|      10121|"26.47.1555"|   "51100"|    81.35|  "S10_1678"| "Motorc
ycles"|     2|             34|2765.9|    |"Shipped"|   "EMEA"|   2003|
|"27 rue du Colone...|            |"Paris"|       "Daniel"|       "Da Cunha"|     "France"|"Lyon Souveniers"
|       7|  95| "7/1/2003 0:00"|              2|      10134|"+33 1 46 62 7555"|  "75508"|    94.74|  "S10_1678"| "Motorc
ycles"|     3|             41|3884.34|    |"Shipped"|   "EMEA"|   2003|
|"78934 Hillside Dr."|            |"Pasadena"|      "Julie"|         "Young"|        "USA"|"Toys4GrownUps.com"
```

图 5-16　DataFrame 筛选数据

（2）使用 Spark SQL 筛选数据，如图 5-17 所示。

```
In [15]: sqlContext.sql(" select * from sale_table where YEAR_ID='2003'").show(5)
```

```
+-----------------+-----------+--------+------------------+----------------+--------------+----------+-----------------+
|     ADDRESSLINE1|ADDRESSLINE2|    CITY|CONTACTFIRSTNAME|CONTACTLASTNAME|       COUNTRY|               CUSTOMERNAME
|MONTH_ID|MSRP|        ORDERDATE|ORDERLINENUMBER|ORDERNUMBER|           PHONE|POSTALCODE|PRICEEACH|PRODUCTCODE|  PRODU
CTLINE|QTR_ID|QUANTITYORDERED|  SALES|STATE|   STATUS|TERRITORY|YEAR_ID|
+-----------------+-----------+--------+------------------+----------------+--------------+----------+-----------------+
|"897 Long Airport...|          |   "NYC"|            "Kwai"|            "Yu"|"United States"|"Land of Toys Inc."
|       2|  95|"2/24/2003 0:00"|              2|      10107|    "2125557818"|   "10022"|     95.7|  "S10_1678"|"Motorc
ycles"|     1|             30|   2871| "NY"|"Shipped"|    "NA"|   2003|
|"59 rue de l'Abbaye"|          | "Reims"|            "Paul"|       "Henriot"|       "France"|"Reims Collectables"
|       5|  95| "5/7/2003 0:00"|              5|      10121|    "26.47.1555"|   "51100"|    81.35|  "S10_1678"|"Motorc
ycles"|     2|             34| 2765.9|     |"Shipped"|  "EMEA"|   2003|
|"27 rue du Colone...|          | "Paris"|          "Daniel"|      "Da Cunha"|       "France"|"Lyon Souveniers"
|       7|  95| "7/1/2003 0:00"|              2|      10134|"+33 1 46 62 7555"|   "75508"|    94.74|  "S10_1678"|"Motorc
ycles"|     3|             41|3884.34|     |"Shipped"|  "EMEA"|   2003|
|"78934 Hillside Dr."|          |"Pasadena"|         "Julie"|         "Young"|         "USA"|"Toys4GrownUps.com"
```

图 5-17 SparkSQL 筛选数据

5.3.3 数据排序

（1）使用 DataFrame 进行数据排序，如图 5-18 所示。

```
In [16]: sale_df.select("ORDERNUMBER","PRODUCTCODE",(2018 - sale_df.YEAR_ID)).orderBy("YEAR_ID").show(5)

+-----------+-----------+----------------+
|ORDERNUMBER|PRODUCTCODE|(2018 - YEAR_ID)|
+-----------+-----------+----------------+
|      10107| "S10_1678"|            15.0|
|      10121| "S10_1678"|            15.0|
|      10134| "S10_1678"|            15.0|
|      10145| "S10_1678"|            15.0|
|      10159| "S10_1678"|            15.0|
+-----------+-----------+----------------+
only showing top 5 rows
```

图 5-18 DataFrame 数据排序

（2）使用 Spark SQL 进行数据排序，如图 5-19 所示。

```
In [17]: sqlContext.sql(" select ORDERNUMBER, PRODUCTCODE, (2018 - YEAR_ID) from sale_table order by YEAR_ID").show(5)

+-----------+-----------+-----------------------------------------+
|ORDERNUMBER|PRODUCTCODE|(CAST(2018 AS DOUBLE) - CAST(YEAR_ID AS DOUBLE))|
+-----------+-----------+-----------------------------------------+
|      10107| "S10_1678"|                                     15.0|
|      10121| "S10_1678"|                                     15.0|
|      10134| "S10_1678"|                                     15.0|
|      10145| "S10_1678"|                                     15.0|
|      10159| "S10_1678"|                                     15.0|
+-----------+-----------+-----------------------------------------+
only showing top 5 rows
```

图 5-19 SparkSQL 数据排序

5.3.4 数据去重

（1）使用 DataFrame 进行数据去重，如图 5-20 所示。

```
In [18]: sale_df.select("PRODUCTCODE").distinct().show()
+-----------+
|PRODUCTCODE|
+-----------+
|  "S10_1678"|
|  "S18_2949"|
|  "S32_1374"|
|  "S50_1514"|
| "S700_2610"|
|  "S18_3482"|
|  "S24_1444"|
|  "S32_4289"|
|  "S32_1268"|
|  "S18_1889"|
|  "S18_4668"|
|  "S50_1392"|
|  "S10_4698"|
| "S700_3167"|
|  "S18_4522"|
|  "S32_2206"|
|  "S18_2581"|
|  "S18_3320"|
|  "S18_4600"|
| "S700_3505"|
+-----------+
only showing top 20 rows
```

图 5-20 DataFrame 数据去重

（2）使用 Spark SQL 进行数据去重，如图 5-21 所示。

```
In [19]: sqlContext.sql(" select distinct PRODUCTCODE from sale_table").show()
+-----------+
|PRODUCTCODE|
+-----------+
|  "S10_1678"|
|  "S18_2949"|
|  "S32_1374"|
|  "S50_1514"|
| "S700_2610"|
|  "S18_3482"|
|  "S24_1444"|
|  "S32_4289"|
|  "S32_1268"|
|  "S18_1889"|
|  "S18_4668"|
|  "S50_1392"|
|  "S10_4698"|
| "S700_3167"|
|  "S18_4522"|
|  "S32_2206"|
|  "S18_2581"|
|  "S18_3320"|
|  "S18_4600"|
| "S700_3505"|
+-----------+
only showing top 20 rows
```

图 5-21 SparkSQL 数据去重

5.3.5 数据分组统计

（1）使用 DataFrame 进行数据分组统计，如图 5-22 所示。

```
In [20]: sale_df.select("PRODUCTCODE").groupby("PRODUCTCODE").count().show()
+-----------+-----+
|PRODUCTCODE|count|
+-----------+-----+
|  "S10_1678"|   26|
|  "S18_2949"|   27|
|  "S32_1374"|   24|
|  "S50_1514"|   26|
| "S700_2610"|   26|
|  "S18_3482"|   25|
|  "S24_1444"|   28|
|  "S32_4289"|   24|
|  "S32_1268"|   27|
|  "S18_1889"|   26|
|  "S18_4668"|   27|
|  "S50_1392"|   28|
|  "S10_4698"|   26|
| "S700_3167"|   25|
|  "S18_4522"|   26|
|  "S32_2206"|   25|
|  "S18_2581"|   23|
|  "S18_3320"|   26|
|  "S18_4600"|   27|
| "S700_3505"|   26|
+-----------+-----+
only showing top 20 rows
```

图 5-22　DataFrame 数据分组统计

（2）使用 Spark SQL 进行数据分组统计，如图 5-23 所示。

```
In [21]: sqlContext.sql(" select  PRODUCTCODE, count(*) counts from sale_table group by PRODUCTCODE").show()
+-----------+------+
|PRODUCTCODE|counts|
+-----------+------+
|  "S10_1678"|    26|
|  "S18_2949"|    27|
|  "S32_1374"|    24|
|  "S50_1514"|    26|
| "S700_2610"|    26|
|  "S18_3482"|    25|
|  "S24_1444"|    28|
|  "S32_4289"|    24|
|  "S32_1268"|    27|
|  "S18_1889"|    26|
|  "S18_4668"|    27|
|  "S50_1392"|    28|
|  "S10_4698"|    26|
| "S700_3167"|    25|
|  "S18_4522"|    26|
|  "S32_2206"|    25|
|  "S18_2581"|    23|
|  "S18_3320"|    26|
|  "S18_4600"|    27|
| "S700_3505"|    26|
+-----------+------+
only showing top 20 rows
```

图 5-23　Spark SQL 数据分组统计

5.3.6　数据连接

sale_table 有 POSTALCODE 字段为空的销售记录，因此需连接一个 Zipssortedbycitystate 表，进而完善销售记录。

（1）加载数据并注册成表，如图 5-24 所示。

```
In [22]: sqlContext.sql(" select  count(*) from sale_table where POSTALCODE=''").show()
+--------+
|count(1)|
+--------+
|     901|
+--------+
```

```
In [23]: RawZipRDD=sc.textFile("./Zipssortedbycitystate.csv")
         ZipRDD=RawZipRDD.map(lambda line:line.split(","))
         Zip_Rows=ZipRDD.map(lambda p:
                             Row(
                                 CITY='"'+p[0]+'"',
                                 STATE='"'+p[1]+'"',
                                 POSTALCODE='"'+p[2]+'"'
                             )
         )
         ZIP_df=sqlContext.createDataFrame(Zip_Rows)
         ZIP_df.registerTempTable("zip_table")
```

图 5-24　加载数据并注册成表

（2）使用 DataFrame 进行数据连接，如图 5-25 所示。

```
In [24]: joined_df=sale_df.join(ZIP_df,sale_df.CITY == ZIP_df.CITY, "left_outer")
         joined_df.printSchema()
         joined_df.show(5)
root
 |-- ADDRESSLINE1: string (nullable = true)
 |-- ADDRESSLINE2: string (nullable = true)
 |-- CITY: string (nullable = true)
 |-- CONTACTFIRSTNAME: string (nullable = true)
 |-- CONTACTLASTNAME: string (nullable = true)
 |-- COUNTRY: string (nullable = true)
 |-- CUSTOMERNAME: string (nullable = true)
 |-- MONTH_ID: string (nullable = true)
 |-- MSRP: string (nullable = true)
 |-- ORDERDATE: string (nullable = true)
 |-- ORDERLINENUMBER: string (nullable = true)
 |-- ORDERNUMBER: string (nullable = true)
 |-- PHONE: string (nullable = true)
 |-- POSTALCODE: string (nullable = true)
 |-- PRICEEACH: string (nullable = true)
 |-- PRODUCTCODE: string (nullable = true)
 |-- PRODUCTLINE: string (nullable = true)
 |-- QTR_ID: string (nullable = true)
 |-- QUANTITYORDERED: string (nullable = true)
 |-- SALES: string (nullable = true)
 |-- STATE: string (nullable = true)
 |-- STATUS: string (nullable = true)
 |-- TERRITORY: string (nullable = true)
 |-- YEAR_ID: string (nullable = true)
 |-- CITY: string (nullable = true)
 |-- POSTALCODE: string (nullable = true)
 |-- STATE: string (nullable = true)

+------------------+------------+----+----------------+---------------+-------+------------+...
|      ADDRESSLINE1|ADDRESSLINE2|CITY|CONTACTFIRSTNAME|CONTACTLASTNAME|COUNTRY|CUSTOMERNAME|MON
TH_ID|MSRP|    ORDERDATE|ORDERLINENUMBER|ORDERNUMBER|    PHONE|POSTALCODE|PRICEEACH|PRODUCTCODE| PRODUCTLIN
E|QTR_ID|QUANTITYORDERED|    SALES|STATE|    STATUS|TERRITORY|YEAR_ID|CITY|POSTALCODE|STATE|
+------------------+------------+----+----------------+---------------+-------+------------+...
|"9408 Furth Circle"|            |"Burlingame"|            |"Juri"|       "Hirano"|       "USA"|"Technics Stores ...|
```

图 5-25　DataFrame 数据连接

（3）使用 Spark SQL 进行数据连接，如图 5-26 所示。

```
In [25]: sqlContext.sql(" select  s.*,z.POSTALCODE from sale_table s left join zip_table z on s.CITY = z.CITY").show()
+------------------+------------+----+----------------+---------------+-------+------------+...
|      ADDRESSLINE1|ADDRESSLINE2|CITY|CONTACTFIRSTNAME|CONTACTLASTNAME|COUNTRY|CUSTOMERNAME|MONT
H_ID|MSRP|    ORDERDATE|ORDERLINENUMBER|ORDERNUMBER|    PHONE|POSTALCODE|PRICEEACH|PRODUCTCODE|   PRODUCTLINE
|QTR_ID|QUANTITYORDERED|    SALES|STATE|    STATUS|TERRITORY|YEAR_ID|POSTALCODE|
+------------------+------------+----+----------------+---------------+-------+------------+...
|"567 North Pendal..."|         |"New Haven"|        |"Leslie"|      "Murphy"|"United States"|"Super Scale Inc."|
5| 214| "5/4/2004 0:00"|              9|      10245|"2035559545"|   "97823"|      100|   "S10_1949"|   "Classic Cars"|
```

图 5-26　Spark SQL 数据连接

5.3.7 数据绘图

Pandas 是 Python 的一个数据分析包，最初由 AQR Capital Management 于 2008 年 4 月开发，并于 2009 年年底开源，目前由专注于 Python 数据包开发的 PyData 开发团队继续开发和维护，属于 PyData 项目的一部分。Pandas 最初作为金融数据分析工具被开发出来，因此，Pandas 为时间序列分析提供了很好的支持。Pandas 的名称来自于面板数据（panel data）和 Python 数据分析（data analysis）。panel data 是经济学中关于多维数据集的一个术语，在 Pandas 中也提供了 panel 的数据类型。

（1）使用 Pandas DataFrames 绘图，如图 5-27 所示，表格图代码解析如表 5-1 所示。

```
In [26]: GroupByState_df=sale_df.groupBy("state").count()
         import pandas as pd
         GroupByState_pandas_df=GroupByState_df.toPandas().set_index('state')
         GroupByState_pandas_df
Out[26]:
                           count
                state
             "Charleroi"      8
             "Marseille"     25
               "Nantes"      60
                "Lule�"      19
               "London"      38
                "Espoo"      30
          "South Brisbane"   15
            "Los Angeles"    14
            "Philadelphia"   21
             "Chatswood"     46
                 "Oulu"      32
            "Isle of Wight"  26
              "Minato-ku"    32
                "Paris"      27
                 "NV"        29
               "Munich"      14
                "Lille"      20
              "Melbourne"    55
                 "CA"       402
               "Gen�ve"      31
```

图 5-27　Pandas DataFrame 绘图

表 5-1　　　　　　　　　　　表格图代码解析

代码	说明
import pandas as pd	导入 pandas 模块
GroupByState_df.toPandas()	GroupByState_df 使用 .toPandas() 转换为 Pandas DataFrame
.set_index('state')	使用 set_index 设置 Pandas DataFrame 的索引为 state
GroupByState_pandas_df	查看 Pandas DataFrame GroupByState_pandas_df

Matplotlib 是一个 Python 的 2D 绘图库，它以各种硬复制格式和跨平台的交互式环境生成出版质量级别的图形。通过 Matplotlib，开发者只需编写几行代码，便可以生成绘图。

（2）使用 Matplotlib 绘图，如图 5-28 所示，条形图代码解析如表 5-2 所示。

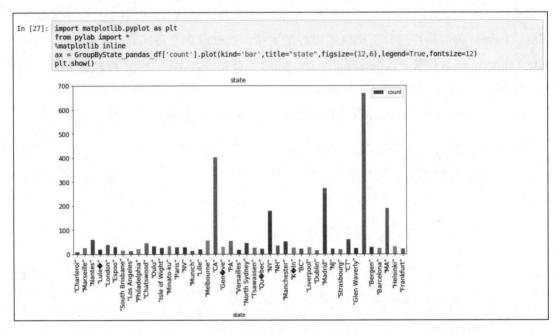

图 5-28　Matplotlib 绘图

表 5-2　　　　　　　　　　　　　　条形图代码解析

代码	说明
import matplotlib.pyplot as　plt	导入 matplotlib.pyplot 模块
% matplotlib inline	将图形显示在 IPython Notebook 中
ax=GroupByState_pandas_df['count'] .plot(kind='bar'，title="state"， figsize=(12，6)， legend=True， fontsize=(12)	设置要绘图的是 count 计算总和字段 绘图种类是 bar chart 直方图 图形的标题是 state 设置图形大小 设置显示图例 设置字号
plt.show( )	开始绘图

5.4　小结

本章对 Spark SQL 与 DataFrame 进行了介绍，对比了两者的特点与区别，用一个销售数据分析实例，详细讲解了字段计算、条件查询、数据排序、数据去重、数据分组统计、数据连接等常用操作。Spark SQL 中的 DataFrame 类似于一张关系型数据表，在关系型数据库中对单表进行的查询操作，在 DataFrame 中可以通过调用其 API 接口来实现。

习　题

简答题

（1）可以创建 Spark DataFrame 的数据源有哪些？

（2）Spark SQL 的执行原理是什么？

（3）简述 Spark DataFrame 与 Spark SQL 的区别与联系。

（4）简述创建 SparkSQL 进行数据查询的过程。

第 6 章 Spark Streaming

第 5 章主要对 Spark DataFrame 和 Spark SQL 进行了介绍，让读者了解如何使用 DataFrame 和 SQL 进行数据分析。本章介绍的对象为 Spark Streaming，是 Spark 流计算的组件。它可以对实时产生的流数据进行处理，如对购物网站实时产生的点击事件进行分析，从而对商品进行个性化推荐，提升经济效益。

本章主要内容如下。

（1）Spark Streaming 特点。

（2）不同数据源的加载。

（3）DStream 输出与转换操作。

（4）Spark Streaming、DataFrame 和 SQL 操作。

6.1 Spark Streaming 介绍

6.1.1 什么是 Spark Streaming

Spark Streaming 用于流式数据的处理，使得构建可扩展容错流应用程序变得容易。Spark Streaming 具有易于使用、高容错性、高吞吐量等特点，它能够胜任实时的流计算，Spark Streaming 可以接收从 Socket、文件系统、Kafka、Flume 等数据源产生的数据，并对其进行实时处理。同时，Spark Streaming 也能和机器学习库（MLlib）以及图计算库（Graphx）进行无缝衔接、实时在线分析。

6.1.2 Spark Streaming 工作原理

Spark Streaming 从数据源接收实时数据流并将数据分成若干批，然后由 Spark 引擎进行处理，最后批量生成结果流。

从图 6-1 中看出，Spark Streaming 计算过程是将输入的流数据分成多个 batch 进行处理。因为它是分批次进行处理的，所以从严格意义上来讲 Spark Streaming 并不是一个真正的实时计算框架。

图 6-1 Spark Streaming 处理流程图

Spark Streaming 提供了一个高层抽象，称为 Discretized Stream 或 DStream，它表示连续的数据流。DStream 可以通过 Kafka、Flume 和 Kinesis 等来源的输入数据流创建，也可以通过在其他 DStream 上应用高级操作来创建，也可以把 DStream 看作是一系列 RDD。

6.2 流数据加载

6.2.1 初始化 StreamingContext

在使用 Spark Streaming 进行流处理之前需要进行初始化，必须创建一个流上下文对象 StreamingContext，这是所有 Spark Streaming 功能的主要入口点。该对象可以通过 SparkContext 对象创建 StreamingContext 对象，示例如下。

```
from pyspark import SparkContext                       #导入 SparkContext 包
from pyspark.streaming import StreamingContext        #导入 Spark Streaming 包
sc = SparkContext(master, appName)                    #创建 SparkContext 对象
ssc = StreamingContext(sc, 1)  #创建 DStream
#其中 ssc 即为 DStream，可以通过 type 函数查看，例如：type(ssc)
```

在定义了上下文之后，必须执行 StreamingContext 的 start 方法开始接收数据并进行处理。

6.2.2 Discretized Stream 离散化流

Discretized Stream 或者 DStream 是 Spark Streaming 提供的最基础的抽象。它表示一系列的数据流，这些数据流可能来自于原始的输入，或者来源于其他的 DStream 转换生成。DStream 本身是由一段 RDD 组成的，RDD 本身是 Spark 对于不可修改的分布式数据的抽

象。每个 RDD 表示在一个时间间隔范围内的数据，如图 6-2 所示。

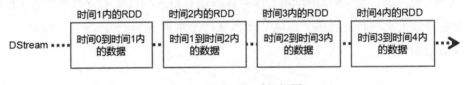

图 6-2　DStream 时间间隔

任何在 DStream 上执行的操作，最后都会映射到对应的 RDD。如 flatMap 操作会被映射到 DStream 上的每个 RDD，流程如图 6-3 所示。

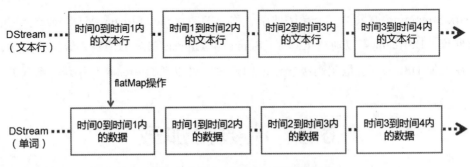

图 6-3　DStream 的 flatMap 操作

对于内部的 RDD 操作最后都是由 Spark 引擎来完成的。DStream 的操作方法隐藏了很多复杂的细节，只提供了较高层次抽象的调用方法。

6.2.3　Spark Streaming 数据源

Spark Streaming 是核心 Spark API 的扩展，它允许实时数据流的可扩展、高通量、容错流处理。数据可以从许多来源如 Kafka、Flume、Kinesis 或 TCP 套接字中获取，并且可以使用高级算法（如 map、read、join 等）表达的复杂算法来处理。最后，可以将处理后的数据推送到文件系统、数据库和实时仪表板上，如图 6-4 所示。

图 6-4　Spark Streaming 的输入和输出

（1）从 socket 获取数据

Spark Streaming 可以监听某一端口获取数据，通过创建流上下文 SparkContext 的

socketTextStream 方法可以直接绑定数据源主机地址和端口，示例代码如下。

```
lines=ssc.socketTextStream("localhost", 9999)
```

（2）从 HDFS 获取数据

除了套接字之外，StreamingContext API 还提供了从文件创建 DStream 作为输入源的方法。可以使用 StreamingContext 的 textFileStream(dataDirectory)方法，其中，dataDirectory 是 HDFS 中文件夹的地址，如 hdfs://namenode:8040/logs/。

当目录中有新的文件产生时，就会对新的文件进行处理。地址也可以使用通配符*进行模糊匹配，如 hdfs://namenode:8040/logs/*，此时就会检测 logs 文件夹下的所有文件夹的改动，而不是文件。在使用文本流数据的时候，需要保证所有的文件必须保持一致的数据格式。

（3）从其他数据源获取数据

Spark Streaming 除了从套接字端口、HDFS 获取数据外，还可以从 Kafka、Flume 等数据源接收并处理数据。在使用 Java 或者 Scala 进行编程时，因为这类源不是 Spark 库接口，这些库被单独封装在特定的库中，在使用时可以显式连接加载。在 Spark Shell 中不能使用该类接口，但自定义代码时可以使用。在 PySpark 中直接集成了 Kafka 和 Flume 等的 API，例如：

① pyspark.streaming.kafka.KafkaUtils 类；

② pyspark.streaming.flume.FlumeUtils 类。

6.3　DStream 输出操作

DStream 的输出操作允许 DStream 的数据被推送到外部系统，如数据库或文件系统。因为输出操作允许外部系统使用转换后的数据，所以当有输出动作的时候才能真正触发所有 DStream 转换操作的执行（与 RDD 的 Action 执行操作类似）。

PySpark 内部定义的输出操作有以下几种。

（1）pprint( )

打印每批数据的前 10 个元素。使用方法如图 6-5 所示。

```
In [15]: counts=lines.flatMap(lambda x:x.split(" ")).map(lambda x:(x,1)).reduceByKey(lambda x,y:x+y)
In [16]: counts.pprint()
```

图 6-5　打印元素

打印结果如图 6-6 所示。

```
------------------------------
Time: 2018-07-25 06:17:49
------------------------------
(u'this', 1)
(u'', 1)
(u'is', 1)

------------------------------
Time: 2018-07-25 06:17:50
------------------------------
(u'', 1)
(u'sa', 1)
(u'sd', 1)
```

图 6-6　打印结果

（2）saveAsTextFiles(prefix，[suffix])

　　把 DStream 内容保存为文本文件，在磁盘上最终生成一系列文件夹，文件夹前缀相同，后缀不同。Prefix 为前缀（必填），suffix 可以不用填写。代码示例如图 6-7 所示。

```
In [4]: counts=lines.flatMap(lambda x:x.split(" ")).map(lambda x:(x,1)).reduceByKey(lambda x,y:x+y)

In [5]: counts.saveAsTextFiles('/home/pxy/data/result')
```

图 6-7　saveAsTextFiles 操作

运行结果如图 6-8 所示。

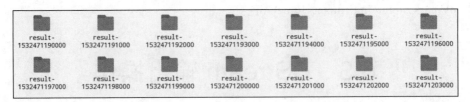

图 6-8　saveAsTextFiles 运行结果

（3）saveAsObjectFiles(prefix，[suffix])

将 DStream 内容保存为序列化 Java 对象的序列文件，目前没有提供 Python 的 API 接口。

（4）saveAsHadoopFiles(prefix，[suffix])

保存 DStream 的内容到 HDFS 中，目前没有提供 Python 的 API 接口。

（5）foreachRDD(func)

DStream 中的 foreachRDD 是一个非常强大的函数，它允许把数据发送给外部系统。因为输出操作是允许外部系统消费转换后的数据，所以它们触发的实际操作是 DStream 转换。

通常，创建连接对象具有时间和资源开销。因此，为每个记录创建和销毁连接对象会导致不必要的高开销,并且会显著地降低系统的总吞吐量。一个更好的解决方案是使用 rdd.foreachPartition 创建单个连接对象,并使用该连接将 RDD 分区中的所有记录发送出去。代码示例如下。

```
def sendPartition(iter):
    connection = createNewConnection()    #创建连接
    for record in iter:                    #发送数据
        connection.send(record)
    connection.close()
dstream.foreachRDD(lambda rdd: rdd.foreachPartition(sendPartition))
```

可以通过创建静态连接池的方式获取连接,从而进一步优化并降低开销,示例代码如下。

```
def sendPartition(iter):
    connection = ConnectionPool.getConnection()    #从连接池中获取链接
    for record in iter:
        connection.send(record)
    ConnectionPool.returnConnection(connection)    #返回到连接池中以供将来使用
dstream.foreachRDD(lambda rdd: rdd.foreachPartition(sendPartition))
```

6.4 DStream 转换操作

DStream 的转换操作与 RDD 类似,转换允许修改输入流的数据。

6.4.1 map 转换

map 通过函数 func 处理每个元素的源 Dstream,并返回一个新的 Dstream,使用方法如图 6-9 所示。

```
In [5]: temp1=temp0.map(lambda x:(x,1))
        temp1.pprint()
```

图 6-9 map 操作

运行结果如图 6-10 所示。

```
Time: 2018-07-25 08:59:23
-------------------------------------------
(u'df', 1)
(u'sa', 1)
(u'f', 1)
(u'd', 1)
(u'f', 1)
(u'd', 1)
(u'd', 1)
```

图 6-10 map 操作运行结果

6.4.2　flatMap 转换

flatMap 与 map 类似，但每个输入项可以映射到 0 个或多个输出项，使用方法如图 6-11 所示。

```
In [4]: temp0=lines.flatMap(lambda x:x.split(" "))
        temp0.pprint()
```

图 6-11　flatMap 操作

运行结果如图 6-12 所示。

```
-------------------------------------------
Time: 2018-07-25 08:59:23
-------------------------------------------
df
sa
f
d
f
d
d
```

图 6-12　flatMap 操作运行结果

6.4.3　filter 转换

filter 是对 DStream 中符合条件（符合返回 true，否则返回 false）的流数据进行筛选，并返回 DStream 类型，使用方法如图 6-13 所示。

```
In [7]: temp3=lines.filter(lambda s :'a' in s)
        temp3.pprint()
```

图 6-13　filter 操作

运行结果如图 6-14 所示。

```
-------------------------------------------
Time: 2018-07-25 09:20:02
-------------------------------------------
fsfjkasfnlasmdf

-------------------------------------------
Time: 2018-07-25 09:20:03
-------------------------------------------
asdf
asdfww

-------------------------------------------
Time: 2018-07-25 09:20:04
-------------------------------------------
gas
```

图 6-14　filter 操作运行结果

6.4.4 reduceByKey 转换

reduceByKey 是把相同 Key 的 DStream 聚合在一起，例如：("hello",1)、("hello",1)、("word",1)聚合后为("hello",2)、("word",1)，使用方法如图 6-15 所示。

```
In [6]: counts=temp1.reduceByKey(lambda x,y:x+y)
        counts.pprint()
```

图 6-15　reduceByKey 操作

运行结果如图 6-16 所示。

```
-------------------------------------------
Time: 2018-07-25 08:59:23
-------------------------------------------
(u'df', 1)
(u'd', 3)
(u'sa', 1)
(u'f', 2)
```

图 6-16　reduceByKey 操作运行结果

6.4.5 count 转换

count 用来统计 DStream 源的每个 RDD 中元素的个数，使用方法如图 6-17 所示。

```
In [8]: temp4=lines.count()
        temp4.pprint()
```

图 6-17　count 操作

运行结果如图 6-18 所示。

```
-------------------------------------------
Time: 2018-07-25 09:25:09
-------------------------------------------
3

-------------------------------------------
Time: 2018-07-25 09:25:10
-------------------------------------------
4
```

图 6-18　count 操作运行结果

6.4.6 updateStateByKey 转换

updateStateByKey 是以 DStream 中的数据按 Key 做 Reduce 操作，然后对各个批次的数据进行累加。使用这个功能需要完成以下两步。

（1）定义状态：任意数据类型。

（2）定义状态更新函数：用一个函数指定怎样使用先前的状态，用输入流中的新值更新状态。

对于所有状态操作，要不断地把当前和历史的时间切片的 RDD 进行累加计算，计算的数据规模会随着时间的增加变得越来越大。

在每一次批处理过程中，Spark 将允许对每一个存在的键执行状态更新函数，而不关心是不是有新的数据在本次批处理中。假如更新函数返回值为 None，键值对将会被取消，使用 WordCount 的示例可说明这一点。

假设在文本数据流中维护每个单词的运行计数。这里的运行计数是状态，是一个整数。可以将更新函数定义如下。

```
def updateFunction(newValues, runningCount):
    if runningCount is None:
        runningCount = 0
    return sum(newValues, runningCount)   #用前一个运行计数添加新值以获得新的计数
runningCounts = pairs.updateStateByKey(updateFunction)
```

6.4.7 其他转换

DStream 支持的其他转换如表 6-1 所示。

表 6-1　　　　　　　　　　　　DStream 转换算子

转换	意义
repartition(numPartitions)	通过创建更多或更少的分区来改变 DStream 中的并行级别
union(otherStream)	联合两个 DStream 并返回一个新的 DStream
reduce(func)	聚合元素
countByValue()	计算一个 DStream 中，每一个元素出现的次数
join(otherStream, [numTasks])	合并相同键的 DStream，如合并(K, V) 和 (K, W)，则返回值为 (K, (V, W))
cogroup(otherStream, [numTasks])	对两个 RDD 中的 KV 元素，每个 RDD 中相同 Key 中的元素分别聚合成一个集合
transform(func)	将任意 RDD 到 RDD 的函数应用于 DStream
updateStateByKey(func)	以 DStream 中的数据进行按 Key 做 Reduce 操作，然后对各个批次的数据进行累加

6.5　DataFrame 与 SQL 操作

在 Spark Streaming 中我们可以很容易地在流数据上使用 DataFrame 和 SQL 进行操作。

使用之前必须使用流上下文创建 SparkSession，然后使用 DataFrame 和 SQL 生成单词计数。DStream 通过 foreachRDD 方法将每个 RDD 转换为数据文件，然后注册为临时表并使用 SQL 查询。

```
# 创建 SparkSession 对象
def getSparkSessionInstance(sparkConf):
    if ("sparkSessionSingletonInstance" not in globals()):
        globals()["sparkSessionSingletonInstance"] = SparkSession \
            .builder \
            .config(conf=sparkConf) \
            .getOrCreate()
    return globals()["sparkSessionSingletonInstance"]
words = ... # DStream 字符串
def process(time, rdd):
    try:
        # 获取 SparkSession 单例
        spark = getSparkSessionInstance(rdd.context.getConf())
        # 把 RDD[String] 转换成 RDD[Row]作为创建 DataFrame 的参数
        rowRdd = rdd.map(lambda w: Row(word=w))
        wordsDataFrame = spark.createDataFrame(rowRdd)
        # 创建临时视图 words，类似于数据库中的视图
        wordsDataFrame.createOrReplaceTempView("words")
        # 执行 SQL 语句
        wordCountsDataFrame = spark.sql("select word, count(*) as total from words group by word")
        wordCountsDataFrame.show()       #显示查询结果
    except:
        pass
words.foreachRDD(process)
```

6.6 实时 WordCount 实验

本实验使用 Spark Streaming 和 Socket 字节流实现单词实时统计功能。实验步骤如下。

（1）在命令行输入 pyspark 启动 Spark 交互命令环境。

（2）在控制台输入代码。

代码输入完毕后（如图 6-19 所示）按回车键即可运行程序，在执行过程中会报 Socket 的错误（如图 6-20 所示）。

```
ssc = StreamingContext(sc, 1)     #生成流计算上下文，1 秒计算一次
lines = ssc.socketTextStream("localhost", 9999)   #绑定数据端口为 9999
counts = lines.flatMap(lambda line: line.split(" "))\  #Python 中换行使用\
    .map(lambda word: (word, 1))\
    .reduceByKey(lambda a, b: a+b)
```

```
counts.pprint()                                          #打印输出
ssc.start() ; ssc.awaitTermination()                     #执行程序
```

```
>>> from pyspark.streaming import StreamingContext
>>> ssc=StreamingContext(sc,1)
>>> lines=ssc.socketTextStream("localhost",9999)
>>> counts=lines.flatMap(lambda x:x.split(" ")).map(lambda x:(x,1)).reduceByKey(lambda x,y:x+y)
>>> counts.pprint()
>>> ssc.start();ssc.awaitTermination()
```

图 6-19 WordCount 代码

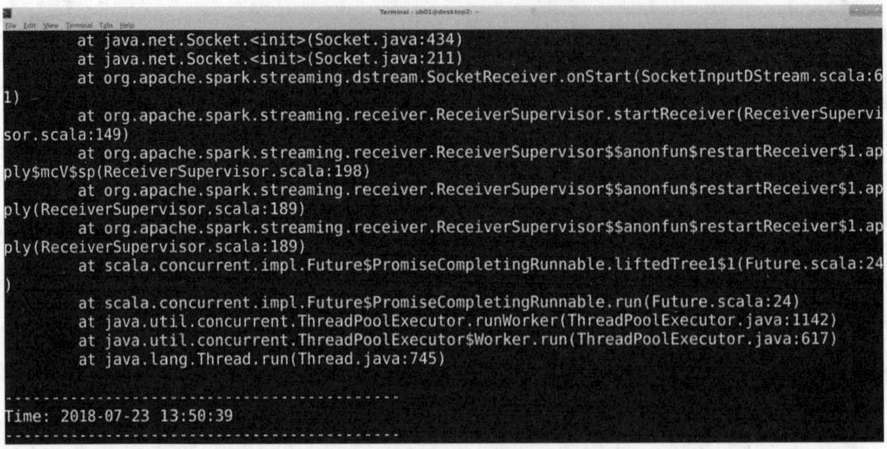

图 6-20 无数据源报错

（3）启动 NetCat

NetCat 是一个用于 TCP/UDP 连接和监听的 Linux 工具，主要用于网络传输及调试。此处可以模拟客户端向应用监听端口发送内容。

另外打开一个 Shell 窗口，输入命令：

```
nc -lk 9999
```

按回车键后查看 Spark 程序运行的界面，如图 6-21 所示。

图 6-21 NetCat 交互界面

从键盘输入数据即可，运行界面如图 6-22 所示。

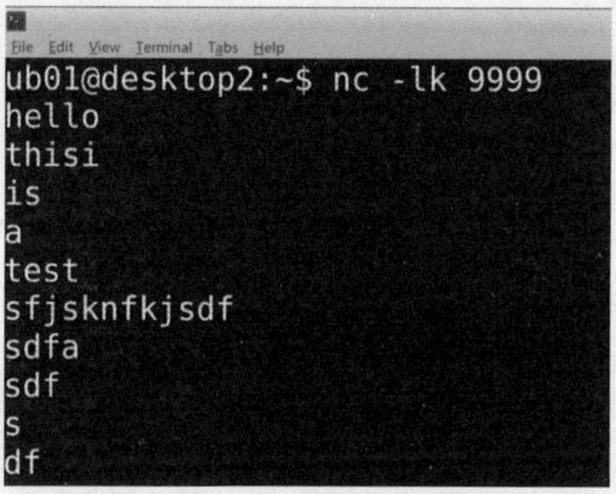

图 6-22　输入 NetCat 端数据

输入相应的测试文本后按回车键将数据发送到 Spark 应用的监听端口中，Spark 流每一秒执行一次计算，计算结果和日志打印如图 6-23 所示。

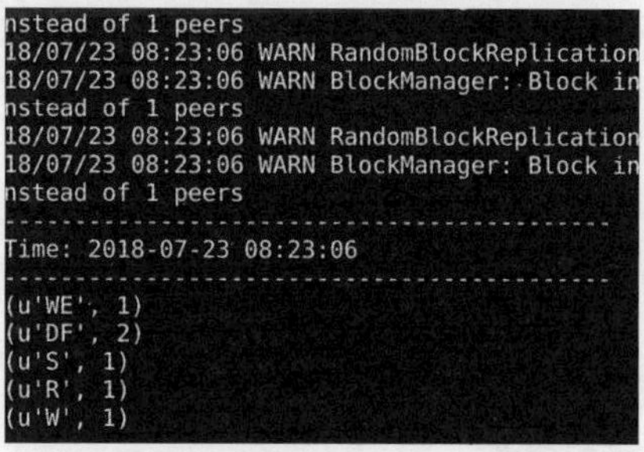

图 6-23　WordCount 统计结果

6.7　小结

本章通过流数据的加载，DStream 对象的输出、转换等对 Spark Streaming 进行了介绍。同时也对如何在 Spark Streaming 中使用 DataFrame 和 SQL 进行了简单的示例演示，最终通过一个 WordCount 实验对 Spark Streaming 实时运算的过程进行了总结。

习　题

简答题

（1）简述 Spark Streaming 的工作原理。

（2）什么是 Discretized Stream？

（3）Spark Streaming 如何从 Socket 读取数据？

（4）简述 Spark Streaming 输出的方式有哪些？

第 7 章 Spark 机器学习库

本章主要介绍机器学习的相关概念和机器学习的一般流程，同时对 Spark 机器学习库进行介绍，Spark 的机器学习库为 MLlib，MLlib 拥有基于 RDD 和 DataFrame 的两套 API。通过对本章内容的学习，读者可以初步了解使用 Python 和 Spark 进行机器学习开发的过程，为以后的深入学习奠定基础。

本章主要内容如下。

（1）机器学习和 Spark 库的介绍。

（2）数据获取和预处理。

（3）如何使用 MLlib 机器学习库。

7.1 Spark 机器学习库

7.1.1 机器学习简介

机器学习在某种意义上是模仿人类的思考过程。简单来说，机器学习就是通过一定的模型，让计算机可以从大量的数据中学习到相关的知识，然后利用学习的知识来预测以后的未知事物。机器学习主要研究如何使计算机模拟人类的行为，从而挖掘出新的知识和技能，并且重新组织已学习到的知识和技能，使之在应用中能够不断克服自身的缺陷与不足。机器学习是人工智能的核心，是使计算机具有智能的根本途径，其应用已遍及人工智能的各个领域。

7.1.2 Spark 机器学习库的构成

Spark 机器学习库目前分为两个包：spark.mllib、spark.ml。

spark.mllib 包含基于 RDD 的机器学习 API。Spark MLlib 由来已久,在 Spark1.0 以前的版本就已经包含,提供的算法丰富稳定,目前处于维护状态,不再添加新功能。

该包涉及数据科学任务的众多方面,其核心功能如下。

数据准备:包括用于特征提取和变换、分类特征的散列和导入预言模型标记语言构建的模型。

常见算法:包括流行的回归、频繁模式挖掘、分类和聚类算法。

实用功能:实现常用的统计方法和模型评估方法。

spark.ml 提供了基于 DataFrame 高层次的 API,可以用来构建机器学习工作流(PipeLine)。DataFrame 提供比 RDD 更友好的 API,DataFrame 的优点包括 Spark 数据源、SQL/DataFrame 查询、Tungsten 和 Catalyst 优化以及跨语言的统一 API。其核心功能如下。

机器学习算法:回归、分类和聚类等。

特征化方法:特征提取、转换、降维和选择等。

管道方法:包括创建、评估和优化管道等。

持久化方法:包括保存和加载算法、模型和管道等。

实用功能:如线性代数、统计相关的算法实现。

由于拥有 DataFrame 的基因,学习库获得了广泛的关注。

7.2 准备数据

7.2.1 获取数据

机器学习领域有一句非常著名的话:"数据决定机器学习的上界,而模型和算法只是逼近这个上界。"由此可见,数据对于整个机器学习项目至关重要。

常见的数据来源:(1)公开的数据集。如 Kaggle、天池提供的开放数据集。这类数据集相对完整,常作为学习的标准数据;(2)爬取的数据。最典型的搜索引擎使用的数据,大多都是通过爬虫取得的数据,如 Google、百度的数据等,这类数据往往都是定制爬虫获得的;(3)企业内部数据。这部分数据往往是企业的核心资产,并且高度结构化,对于机器学习来说,数据易于使用,但数据内容敏感,此外,企业数据往往相对复杂,异构数据问题突出。

7.2.2 数据预处理

在获得数据之后，需要对数据进行预处理，预处理的任务包括处理缺失值、处理离群值、不一致的值、去除重复数据以及敏感数据的变换等。即便是结构化数据，也会存在与机器学习需求相悖的数据，这些未经处理的数据直接应用于模型训练，生成模型的质量往往不理想。因此，在建立模型之前，对数据进行预处理是必需的。整理数据和探索数据在机器学习过程中占据 80%的时间。

处理缺失值。要先判断数据中是否存在缺失值，以及缺失值的分布情况、所占比例等。若存在缺失值，一般处理方法是移除缺失值，但不能移除太多，不能因为移除缺失值而造成特征的缺失。另一个做法是对缺失值进行填充，填充包括多种方式：离散型数据可以添加新类型，如性别数据缺失，可以添加 Missing 类别并进行区分；数值类型数据可以考虑填充平均数或分位数。

处理离群值：离群值是指与样本的分布有显著偏离的观察数据。数据处理过程中需要观察各个特征值是否有离群值，离群值会对整体数据带来较大影响，因此在进行数据挖掘前需要对离群值进行处理。

不一致的值。数据不一致性是指数据的矛盾性和不相容性，不一致性一般存在于数据集成过程中。在数据集成过程中，因为不同数据源的编码和命名不统一、重复数据未能进行一致性更新等，所以造成数据的不一致性。例如，两张表都存放用户的 TEL，当用户更新 TEL 时，一张表更新，而另外一张没有更新，因此导致了不一致的数据。

去除重复数据。重复数据不仅值完全一致，而且特征完全相同。数据如果使用具有唯一值的 ID 作为每一条数据的区分标志，那么具有不同 ID 的行，也有可能包含相同的值，因此对于重复数据，需要从训练数据集中去除。

敏感数据的变换。在数据处理过程中，需要注意对敏感数据的处理，通常敏感数据包括但不限于用户安全数据、隐私数据以及商业机密数据等。在不违反数据唯一性和系统规则前提下，可以运用特定处理规则对敏感数据进行数据变形、改造，从而使敏感数据不再敏感。这样既能充分利用数据，也能避免直接使用敏感数据而带来的隐藏风险。

7.2.3 数据探索

数据探索是对数据进行研究和判断，来确定数据的质量与数据的特征，从而掌握数据集的基本信息，如列的频率和众数、百分位数、均值和中位数、极差和方差等，数据探索环节与可视化展示紧密连接。

（1）频率和众数

频率是指某个值出现的次数占总体数值的比例或者某个属性对象数占总体对象数的比

例。最高频率对应的值或属性称为众数。频率和众数常针对离散型数据，对于连续型数据可以经过离散化再进行频率和众数的统计。

（2）百分位数

百分位数是指数据百分位所对应的值。常用的有四分之一分位和四分之三分位，这也是确定离群点的常用方法。

（3）均值和中位数

均值和中位数都是表达数据某种平均水平的统计特征，均值表示集合所有元素的平均值，中位数表示集合排序后位于中间的那个值。

（4）极差和方差

数据最大值与最小值之差就是极差，极差体现数据分布范围，因为极差只涉及最值，所以极差对于数据倾斜或者是否存在离群值不能很有效反映。方差是指每个数据与均值之差的平方和除以数据个数，该数据可以刻画数据的集中程度，但由于它用到了均值，所以它对离群值很敏感。针对极差和方差，可以选择将离群值删除后再确定。

7.3 使用 MLlib 机器学习库

本章所使用的数据是美国 2014～2015 年出生数据的一部分，原始数据可以从美国疾病控制和预防中心（CDC）下载，从原始数据的 300 个特征中选取 85 个特征，为了便于演示，对正负样本的分布做了调整，相当于做了一个下采样或上采样。本章所使用的数据有 45429 条，正负样本基本各占 50%。下采样和上采样是针对不均衡数据的采样方式，下采样、上采样是让目标值（如 0 和 1 分类）中的样本数据量相同。下采样以数据量少的一方的样本数量为标准；上采样是以数据量多的一方的样本数量为标准。

7.3.1 搭建环境

MLlib 主要是为 RDD 和 Dstream 设计的，这里为了便于数据的转换，将数据格式转换成 DataFrame 格式。在 Spark SQL 中，我们了解了创建 DataFrame 的两种方式，这里采用指定数据集 Schema 的方式。

本节代码的演示环境是 jupyter notebook。先将 PySpark 的包加载到 Python 的环境变量中。

```
import os
import sys
spark_name = os.environ.get('SPARK_HOME', None)
if not spark_name:
    raise ValueErrorError('spark 环境没有配置好')
```

```
sys.path.insert(0, os.path.join(spark_name, 'Python'))
sys.path.insert(0,os.path.join(spark_name,'Python/lib/py4j-0.10.6-src.zip'))
exec(open(os.path.join(spark_name, 'Python/pyspark/shell.py')).read())
```

7.3.2 加载数据

对于 DataFrame 的格式，先指定 Schema 格式，完整的代码可参考网络资源，大家可以通过字段的名称了解字段的含义。

```
import pyspark.sql.types as typ
labels = [
    ('INFANT_ALIVE_AT_REPORT', typ.StringType()),
    ...
    ('INFANT_NO_CONGENITAL_ANOMALIES_CHECKED', typ.StringType()),
    ('INFANT_BREASTFED', typ.StringType())
]
schema = typ.StructType([
        typ.StructField(e[0], e[1], False) for e in labels
    ])
```

加载数据并指定 Schema。

```
births = spark.read.csv('/root/code/births_train.csv',
                        header=True,
                        schema=schema)
```

header 参数为 True 表示源文件中有头信息，用 Schema 指定数据的正确类型。阅读数据会发现数据集中的很多特征是字符串，在进行机器学习前需要将其转换为数值形式，经过阅读数据，可以发现数据中的字符串以 Y/N/U 三种形式存在，依次表示 Yes/No/Unknown，因此这里可以采用字典映射的方式。

字典映射。

```
recode_dictionary = {
    'YNU': {
        'Y': 1,
        'N': 0,
        'U': 0
    }
}
```

我们的目标是预测 'INFANT_ALIVE_AT_REPORT' 是 1 还是 0，其表示婴儿是否存活。因此，我们要去除其他与婴儿相关的特征。

```
selected_features = [
    'INFANT_ALIVE_AT_REPORT',
    'BIRTH_PLACE',
    'MOTHER_AGE_YEARS',
```

```
        'FATHER_COMBINED_AGE',
        'CIG_BEFORE',
        'CIG_1_TRI',
        'CIG_2_TRI',
        'CIG_3_TRI',
        'MOTHER_HEIGHT_IN',
        'MOTHER_PRE_WEIGHT',
        'MOTHER_DELIVERY_WEIGHT',
        'MOTHER_WEIGHT_GAIN',
        'DIABETES_PRE',
        'DIABETES_GEST',
        'HYP_TENS_PRE',
        'HYP_TENS_GEST',
        'PREV_BIRTH_PRETERM'
    ]
    births_trimmed = births.select(selected_features)
```

特征字典映射。

```
# 0 意味着母亲在怀孕前或怀孕期间不抽烟；1~97 表示抽烟的实际人数，98 表示抽烟的实际人数大于
等于 98，99 表示未知，我们假设未知是 0 并重新编码。
    import pyspark.sql.functions as func

    def recode(col, key):
        return recode_dictionary[key][col]

    def correct_cig(feat):
        return func \
            .when(func.col(feat) != 99, func.col(feat))\
            .otherwise(0)

    rec_integer = func.udf(recode, typ.IntegerType())
    #recode()方法从 recode_dictionary 中返回 key 对应的值
    # correct_cig 方法检查特征值 feat 是否不等于 99，若不等于 99，则返回特征的值；若等于 99，
则返回 0。
```

DataFrame 不可以直接使用 recode 函数；需要将 recode 函数转换为 Spark 能理解的 UDF（用户自定义函数），用户可以在 Spark SQL 里自定义实际需要的 UDF 来处理数据。使用 rec_integer 做字典映射，传入参数 recode 并指定返回值数据类型。

纠正与吸烟数量有关的特征：.withColumn( )方法中第一个参数是新的列名，第二个参数是原数据的某列。

```
    births_transformed = births_trimmed \
        .withColumn('CIG_BEFORE', correct_cig('CIG_BEFORE'))\
        .withColumn('CIG_1_TRI', correct_cig('CIG_1_TRI'))\
        .withColumn('CIG_2_TRI', correct_cig('CIG_2_TRI'))\
        .withColumn('CIG_3_TRI', correct_cig('CIG_3_TRI'))
```

找出哪些特征是 Y/N/U。

```
print(births_trimmed.schema)
StructType(List(StructField(INFANT_ALIVE_AT_REPORT , StringType , true) ,
StructField(BIRTH_PLACE , StringType , true) , StructField(MOTHER_AGE_YEARS ,
IntegerType , true) , StructField(FATHER_COMBINED_AGE , IntegerType , true) ,
StructField(CIG_BEFORE,IntegerType,true),StructField(CIG_1_TRI,IntegerType,true),
StructField(CIG_2_TRI,IntegerType,true),StructField(CIG_3_TRI,IntegerType,true),
StructField(MOTHER_HEIGHT_IN, IntegerType, true), StructField(MOTHER_PRE_WEIGHT,
IntegerType , true) , StructField(MOTHER_DELIVERY_WEIGHT , IntegerType , true) ,
StructField(MOTHER_WEIGHT_GAIN , IntegerType, true) , StructField(DIABETES_PRE ,
StringType , true) , StructField(DIABETES_GEST , StringType , true) ,
StructField(HYP_TENS_PRE, StringType, true), StructField(HYP_TENS_GEST, StringType,
true), StructField(PREV_BIRTH_PRETERM, StringType, true)))
# 创建一个包含列名和数据类型元祖(cols)的列表
cols = [(col.name, col.dataType) for col in births_trimmed.schema]
YNU_cols = []
# 遍历这个列表，计算所有字符串列的不同值，如果 Y 在返回的列表中，就将列名追加到 YNU_cols 列表
for i, s in enumerate(cols):
    if s[1] == typ.StringType():
        dis = births.select(s[0]) \
            .distinct() \
            .rdd \
            .map(lambda row: row[0]) \
            .collect()

        if 'Y' in dis:
            YNU_cols.append(s[0])
```

DataFrame 可以在选择特征的同时批量转换特征。

```
births.select([
        'INFANT_NICU_ADMISSION',
        rec_integer(
            'INFANT_NICU_ADMISSION', func.lit('YNU')
        ) \
        .alias('INFANT_NICU_ADMISSION_RECODE')]
    ).take(5)
```

输出。

```
[Row(INFANT_NICU_ADMISSION='Y', INFANT_NICU_ADMISSION_RECODE=1),
 Row(INFANT_NICU_ADMISSION='Y', INFANT_NICU_ADMISSION_RECODE=1),
 Row(INFANT_NICU_ADMISSION='U', INFANT_NICU_ADMISSION_RECODE=0),
 Row(INFANT_NICU_ADMISSION='N', INFANT_NICU_ADMISSION_RECODE=0),
 Row(INFANT_NICU_ADMISSION='U', INFANT_NICU_ADMISSION_RECODE=0)]
# 在选择 INFANT_NICU_ADMISSION 特征时，将其值转换成数值类型
```

用一个列表转换所有的 YNU_cols（所有包含 Y/N/U 的列）。

```
exprs_YNU = [
rec_integer(x, func.lit('YNU')).alias(x)
if x in YNU_cols
else x
for x in births_transformed.columns
]
births_transformed = births_transformed.select(exprs_YNU)
#查看转换后的数据
births_transformed.head(2)
```

输出。

```
[Row(INFANT_ALIVE_AT_REPORT=0, BIRTH_PLACE='1', MOTHER_AGE_YEARS=29, FATHER_
COMBINED_AGE=99 , CIG_1_TRI=0 , MOTHER_HEIGHT_IN=99 , MOTHER_PRE_WEIGHT=999 ,
DIABETES_PRE=0 , DIABETES_GEST=0 , HYP_TENS_PRE=0 , HYP_TENS_GEST=0 ,
PREV_BIRTH_PRETERM=0),
 Row(INFANT_ALIVE_AT_REPORT=0, BIRTH_PLACE='1', MOTHER_AGE_YEARS=22, FATHER_
COMBINED_AGE=29 , CIG_1_TRI=0 , MOTHER_HEIGHT_IN=65 , MOTHER_PRE_WEIGHT=180 ,
DIABETES_PRE=0 , DIABETES_GEST=0 , HYP_TENS_PRE=0 , HYP_TENS_GEST=0 ,
PREV_BIRTH_PRETERM=0)]
```

确定是否将所有的 Y/N/U 数据转换成 0、1 的数值类型。

```
births_transformed.select(YNU_cols[-5:]).show(5)
```

输出。

```
+-----------+------------+-----------+------------+------------------+
|DIABETES_PRE|DIABETES_GEST|HYP_TENS_PRE|HYP_TENS_GEST|PREV_BIRTH_PRETERM|
+-----------+------------+-----------+------------+------------------+
|          0|           0|          0|           0|                 0|
|          0|           0|          0|           0|                 0|
|          0|           0|          0|           0|                 0|
|          0|           0|          0|           0|                 1|
|          0|           0|          0|           0|                 0|
+-----------+------------+-----------+------------+------------------+
only showing top 5 rows
# 可以发现所有的字符类型已经转变成数值类型
```

7.3.3 探索数据

（1）描述性统计。使用 colStats 查看列的汇总信息。

```
mport pyspark.mllib.stat as st
import numpy as np

numeric_cols = ['MOTHER_AGE_YEARS', 'FATHER_COMBINED_AGE',
                'CIG_BEFORE', 'CIG_1_TRI', 'CIG_2_TRI', 'CIG_3_TRI',
                'MOTHER_HEIGHT_IN', 'MOTHER_PRE_WEIGHT',
                'MOTHER_DELIVERY_WEIGHT', 'MOTHER_WEIGHT_GAIN'
               ]
numeric_rdd = births_transformed\
```

```
                        .select(numeric_cols)\
                        .rdd \
                        .map(lambda row: [e for e in row])
mllib_stats = st.Statistics.colStats(numeric_rdd)
for col, m, v in zip(numeric_cols,
                     mllib_stats.mean(),
                     mllib_stats.variance()):
    print('{0}: \t{1:.2f} \t {2:.2f}'.format(col, m, np.sqrt(v)))
```

输出。

```
MOTHER_AGE_YEARS:      28.30      6.08
FATHER_COMBINED_AGE:44.55        27.55
CIG_BEFORE: 1.43       5.18
CIG_1_TRI:  0.91       3.83
CIG_2_TRI:  0.70       3.31
CIG_3_TRI:  0.58       3.11
MOTHER_HEIGHT_IN:      65.12      6.45
MOTHER_PRE_WEIGHT:     214.50     210.21
MOTHER_DELIVERY_WEIGHT: 223.63    180.01
MOTHER_WEIGHT_GAIN: 30.74         26.23
```

可以看出，与父亲的年龄相比，母亲的年龄更小：母亲的平均年龄是 28 岁，而父亲的平均年龄超过 44 岁；且许多母亲怀孕后开始戒烟（这是一个好的现象）。

（2）相关性。相关性可以帮助我们识别具有共线性数值的特征，也可以针对这些特征进行处理。这里使用 corr 协方差函数。

```
corrs = st.Statistics.corr(numeric_rdd)
for i, el in enumerate(corrs > 0.5):
    correlated = [
        (numeric_cols[j], corrs[i][j])
        for j, e in enumerate(el)
        if e == 1.0 and j != i]

    if len(correlated) > 0:
        for e in correlated:
            print('{0}-to-{1}: {2:.2f}' \
                .format(numeric_cols[i], e[0], e[1]))
```

输出。

```
CIG_BEFORE-to-CIG_1_TRI: 0.83
CIG_BEFORE-to-CIG_2_TRI: 0.72
CIG_BEFORE-to-CIG_3_TRI: 0.62
CIG_1_TRI-to-CIG_BEFORE: 0.83
CIG_1_TRI-to-CIG_2_TRI: 0.87
CIG_1_TRI-to-CIG_3_TRI: 0.76
CIG_2_TRI-to-CIG_BEFORE: 0.72
CIG_2_TRI-to-CIG_1_TRI: 0.87
CIG_2_TRI-to-CIG_3_TRI: 0.89
CIG_3_TRI-to-CIG_BEFORE: 0.62
CIG_3_TRI-to-CIG_1_TRI: 0.76
CIG_3_TRI-to-CIG_2_TRI: 0.89
```

```
        MOTHER_PRE_WEIGHT-to-MOTHER_DELIVERY_WEIGHT: 0.54
        MOTHER_PRE_WEIGHT-to-MOTHER_WEIGHT_GAIN: 0.65
        MOTHER_DELIVERY_WEIGHT-to-MOTHER_PRE_WEIGHT: 0.54
        MOTHER_DELIVERY_WEIGHT-to-MOTHER_WEIGHT_GAIN: 0.60
        MOTHER_WEIGHT_GAIN-to-MOTHER_PRE_WEIGHT: 0.65
        MOTHER_WEIGHT_GAIN-to-MOTHER_DELIVERY_WEIGHT: 0.60
        # 通过相关性分析，我们得出 CIG 特征是高度相关的，因此我们可以选取部分，在这里仅保留
CIG_1_TRI。重量也是高度相关的，这里只保留 MOTHER_PRE_WEIGHT
        #对此删除相关性较高的特征
        features_to_keep = [
            'INFANT_ALIVE_AT_REPORT',
            'BIRTH_PLACE',
            'MOTHER_AGE_YEARS',
            'FATHER_COMBINED_AGE',
            'CIG_1_TRI',
            'MOTHER_HEIGHT_IN',
            'MOTHER_PRE_WEIGHT',
            'DIABETES_PRE',
            'DIABETES_GEST',
            'HYP_TENS_PRE',
            'HYP_TENS_GEST',
            'PREV_BIRTH_PRETERM'
        ]
        births_transformed = births_transformed.select([e for e in features_to_keep])
```

（3）统计测试。显著性差异是一个统计学名词。它是统计学（Statistics）上对数据差异性的评价。通常情况下，实验结果达到 0.05 或 0.01 水平，才可以说数据之间具备显著性差异或是极显著性差异。当数据之间具有显著性差异，就说明参与比对的数据不是来自同一总体，而是来自具有差异的两个不同总体，如在一般能力测验中，大学学历测试组的成绩与小学学历测试组会有显著性差异。因为实验处理对实验对象造成了根本性状改变，所以前测后测的数据会有显著性差异。这里我们采用卡方检验来判断是否存在显著性差异。

```
    import pyspark.mllib.linalg as ln

    for cat in categorical_cols[1:]:
        agg = births_transformed \
            .groupby('INFANT_ALIVE_AT_REPORT') \
            .pivot(cat) \
            .count()
        agg_rdd = agg \
            .rdd\
            .map(lambda row: (row[1:])) \
            .flatMap(lambda row:
                    [0 if e == None else e for e in row]) \
            .collect()
        row_length = len(agg.collect()[0]) - 1
```

```
            agg = ln.Matrices.dense(row_length, 2, agg_rdd)

            test = st.Statistics.chiSqTest(agg)
            print(cat, round(test.pValue, 4))
```

输出。

```
BIRTH_PLACE 0.0
DIABETES_PRE 0.0
DIABETES_GEST 0.0
HYP_TENS_PRE 0.0
HYP_TENS_GEST 0.0
PREV_BIRTH_PRETERM 0.0
# 测试结果表明，所有特征是显著不同的
```

7.3.4　预测婴儿生存机会

经过查看发现，BIRTH_PLACE、特征类型是字符串，这里使用散列技巧将字符串转换成数值类型特征。

```
import pyspark.mllib.feature as ft
import pyspark.mllib.regression as reg

hashing = ft.HashingTF(7)
births_hashed = births_transformed \
    .rdd \
    .map(lambda row: [
            list(hashing.transform(row[1]).toArray())
                if col == 'BIRTH_PLACE'
                else row[i]
            for i, col
            in enumerate(features_to_keep)]) \
    .map(lambda row: [[e] if type(e) == int else e
                        for e in row]) \
    .map(lambda row: [item for sublist in row
                        for item in sublist]) \
    .map(lambda row: reg.LabeledPoint(
            row[0],
            ln.Vectors.dense(row[1:]))
    )
births_hashed.take(5)
```

输出。

```
[LabeledPoint(0.0, [1.0, 0.0, 0.0, 0.0, 0.0, 0.0, 0.0, 29.0, 99.0, 0.0, 99.0, 999.0, 0.0, 0.0, 0.0, 0.0, 0.0]),
 LabeledPoint(0.0, [1.0, 0.0, 0.0, 0.0, 0.0, 0.0, 0.0, 22.0, 29.0, 0.0, 65.0, 180.0, 0.0, 0.0, 0.0, 0.0, 0.0]),
 LabeledPoint(0.0, [1.0, 0.0, 0.0, 0.0, 0.0, 0.0, 0.0, 38.0, 40.0, 0.0, 63.0, 155.0, 0.0, 0.0, 0.0, 0.0, 0.0]),
 LabeledPoint(0.0, [1.0, 0.0, 0.0, 0.0, 0.0, 0.0, 0.0, 39.0, 42.0, 0.0, 60.0, 128.0, 0.0, 0.0, 0.0, 0.0, 1.0]),
```

```
  LabeledPoint(0.0, [1.0, 0.0, 0.0, 0.0, 0.0, 0.0, 0.0, 18.0, 99.0, 4.0, 61.0, 110.0,
0.0, 0.0, 0.0, 0.0, 0.0]))]
```

划分训练集与测试集。

```
births_train, births_test = births_hashed.randomSplit([0.6, 0.4])
# 训练集用来作训练模型，测试集用来作测试模型
```

数据已经被清理，使用逻辑回归模型进行预测。使用方式与 Python 机器学习中的基本一致，直接调用即可。

```
from pyspark.mllib.classification import LogisticRegressionWithLBFGS

LR_Model = LogisticRegressionWithLBFGS.train(births_train, iterations=10)
# iterations 值迭代次数，避免运行时间过长
#预测分类：
LR_results = (
        births_test.map(lambda row: row.label) \
        .zip(LR_Model \
            .predict(births_test\
                    .map(lambda row: row.features)))
    ).map(lambda row: (row[0], row[1] * 1.0))
```

评估模型。

```
import pyspark.mllib.evaluation as ev
LR_evaluation = ev.BinaryClassificationMetrics(LR_results)

print('Area under PR: {0:.2f}' \
      .format(LR_evaluation.areaUnderPR))
print('Area under ROC: {0:.2f}' \
      .format(LR_evaluation.areaUnderROC))
LR_evaluation.unpersist()
```

输出。

```
Area under PR: 0.85
Area under ROC:0.63
```

从模型结果可见：Precision-Recall 曲线下 85%的面积表示契合。在这种情况下，预测的死亡人数会增加。ROC 曲线下的区域可以理解为：与随机选择的负实例相比，模型等级的概率高于随机选择的正实例。

7.4　使用 ML 机器学习库

ML 库的很多特性使基于 Spark 的机器学习更简单、更高效、更强大，本节将详细介绍如何基于 ML 库实现机器学习。

7.4.1 转换器、评估器和管道

ML 库包含三个主要的抽象类：转换器（Transformer）、预测器（Estimator）和管道（Pipline）。

（1）转换器

转换器可以将一个 DataFrame 转换成另一个 DataFrame。

关于特征，转换器对于 DataFrame 的操作是读取一个列，将它映射成为一个新的列，然后输出一个新的 DataFrame。关于模型学习，转换器对 DataFrame 的操作是读取包含一组特征的列，然后使用模型预测结果，最后将添加的预测结果输出为一个 DataFrame。

（2）预测器

一个评估是一个算法，基于 DataFrame 产出一个转换器。预测器是学习算法的抽象，被用来训练数据。预测器继承 fit 方法，可以接收一个 DataFrame 输入，然后训练出一个模型。例如，逻辑回归算法是一种预测，调用 fit 方法来训练一个逻辑回归模型。

（3）管道

管道包含一系列的阶段，每个阶段是一个转换器或一个预测器。这些阶段按顺序运行，管道的输入是一个 DataFrame。对于转换阶段，transform 方法作用在 DataFrame 上会生成一个新的 DataFrame；对于预测阶段，调用 fit 方法可生成一个 Transformer（PipelineModel 的一部分）。管道的流程如图 7-1 所示。

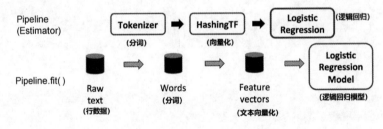

图 7-1　Pipline 在训练数据上的流程

图 7-1 的第一行表示一个具有三个阶段的管道。前两个阶段（Tokenizer 和 HashingTF）是转换器（Transformers），第三个逻辑回归（Logisticre Regression）是预测器（Estimator）。下一行表示管道中的数据流，圆柱体表示 DataFrame。

（1）将原始数据集生成原始文本 DataFrame，并调用 pipeline.fit 方法。

（2）Tokenizer 调用 transform 方法将原始文本 DataFrame 拆分为单词，并将带有单词的新列添加到 DataFrame 的 words 列。

（3）HashingTF 方法将 Words 列转换为特征向量，并将带有特征向量的新列添加到 DataFrame 中。

（4）Logistic Regression 是一个预测器，在使用时，管道首先调用 LogisticRegression.fit 方法生成逻辑回归模型（Logistic Regression Model）。如果管道具有更多的阶段，则在 DataFrame 传递到下一阶段之前，它将在 DataFrame 上调用逻辑回归模型的 transform()方法。

7.4.2 预测婴儿生存率

在本节中，我们将使用第 6 章的数据集来演示 ML 的构建过程。我们将再次尝试预测婴儿的生存率。

加载数据。

```
import pyspark.sql.types as typ
labels = [
    ('INFANT_ALIVE_AT_REPORT', typ.IntegerType()),
    ...
    ('PREV_BIRTH_PRETERM', typ.IntegerType())
]
schema = typ.StructType([
    typ.StructField(e[0], e[1], False) for e in labels
])

births = spark.read.csv('/root/code/births_transformed.csv',
                        header=True,
                        schema=schema)
births
```

输出。

```
DataFrame[INFANT_ALIVE_AT_REPORT: int, BIRTH_PLACE: string, MOTHER_AGE_YEARS: int, FATHER_COMBINED_AGE: int, CIG_BEFORE: int, CIG_1_TRI: int, CIG_2_TRI: int, CIG_3_TRI: int,MOTHER_HEIGHT_IN: int,MOTHER_PRE_WEIGHT: int,MOTHER_DELIVERY_WEIGHT: int, MOTHER_WEIGHT_GAIN: int, DIABETES_PRE: int, DIABETES_GEST: int, HYP_TENS_PRE: int, HYP_TENS_GEST: int, PREV_BIRTH_PRETERM: int]
```

创建转换器。

```
import pyspark.ml.feature as ft
#先将births中的BIRTH_PLACE字段类型修改为数值类型
births = births \
    .withColumn('BIRTH_PLACE_INT' , births['BIRTH_PLACE'].cast(typ.IntegerType()))
#创建一个转换器OneHotEncoder可以对数值类型的数据进行编码
enco = ft.OneHotEncoder(
    inputCol='BIRTH_PLACE_INT',
    outputCol='BIRTH_PLACE_VEC')
# 创建一个单一的列，将所有的特征聚集到一起，该方法是一个列表（没有包含标签列），包含所有要组成outputCol的列，outputCol表示输出的列的名为'features'
```

```python
featuresCre = ft.VectorAssembler(
    inputCols=[
        col[0]
        for col
        in labels[2:]] + \
    [enco.getOutputCol()],
    outputCol='features'
)
```

创建预测器。这里使用逻辑回归模型。先导入依赖包，再创建模型。

```python
import pyspark.ml.classification as cl
lr = cl.LogisticRegression(
    maxIter=10,
    regParam=0.01,
    labelCol='INFANT_ALIVE_AT_REPORT')
#需要说明的是，如果数据的标签列的名称为 label 则无需指定 labelCol，如果 featuresCre 的输出不为 'features'，需要使用 featuresCre 调用 getOutputColl() 来指明 featuresCol
```

创建管道。现在需要做的事情是将两个转换器和一个预测器连接起来，放入一个管道中。

```python
from pyspark.ml import Pipeline

pipeline = Pipeline(stages=[
        enco,
        featuresCre,
        lr
    ])
# 这就创建一个管道，并其依次将转换器和预测器结合了起来。
```

训练模型。同样，在训练模型前需要对数据进行训练集和测试集的划分。

```python
irths_train, births_test = births.randomSplit([0.7, 0.3], seed=55)
```

开始训练模型。

```python
model = pipeline.fit(births_train)
# pipeline.fit 方法的输入为训练集，训练集传递给 enco 转换器，enco 转换器输出的 DataFrame 传递给 featuresCre 转换器，featuresCre 转换器的输出为 features 列，features 列再传递给预测器 lr 逻辑回归模型。
test_model = model.transform(births_test)
# 调用管道模型对象的 transform 方法会获得预测值
```

模型评估。这一步骤与 MLlib 中的步骤基本相同。

```python
import pyspark.ml.evaluation as ev

evaluator = ev.BinaryClassificationEvaluator(
    rawPredictionCol='probability',
    labelCol='INFANT_ALIVE_AT_REPORT')

print(evaluator.evaluate(test_model, {evaluator.metricName: 'areaUnderROC'}))
```

```
print(evaluator.evaluate(test_model, {evaluator.metricName: 'areaUnderPR'}))
```

输出。

```
0.7401
0.7139
```

模型保存与调用。这一步骤与 MLlib 中的步骤基本相同。

```
# 管道的保存
pipPath = './ Logistic_Pipeline'
pipeline.write().overwrite().save(pipPath)
# 管道的加载
loadPipeline = Pipeline.load(pipPath)
loadPipeline \
    .fit(births_train)\
    .transform(births_test)\
    .take(1)
# 模型的保存
from pyspark.ml import PipelineModel
model_Path = './ Logistic_PipelineModel'
model.write().overwrite().save(model_Path)
# 模型的加载
loadPipelineModel = PipelineModel.load(model_Path)
test_loadedModel = loadPipelineModel.transform(births_test)
```

7.5　小结

本章介绍了 Python 机器学习的一般流程，又介绍了基于 Spark 的 MLlib 和 ML 两个机器学习库。尽管机器学习的语言框架不一样，但读者只要掌握机器学习开发的一般步骤，就可以直接动手操作一些简单的例子，并不建议读者将所有的 API 都了解后再动手练习。

习　题

简答题

（1）机器学习是什么？
（2）为什么要进行数据预处理？
（3）Spark 机器学习库有哪些，区别是什么？
（4）Spark ML 库三个主要的抽象类是什么？

第 8 章 GraphFrames 图计算

Spark 项目中的 GraphX 模块用于图并行计算。由于本书以 Python 作为开发语言，而 GraphX 目前只支持 Scala 和 Java，故选用 Spark 的第三方包 GraphFrames 来讲解图计算。GraphFrames 提供了类似 GraphX 的算法集合，部分算法直接实现 GraphX 的封装。但相比基于 RDD 的 GraphX，基于 DataFrame 的 GraphFrames 可以使用本书第 5 章讲解的 Spark SQL 和 DataFrame 方法来获得更高的查询能力。

本章主要内容如下。

（1）图的概念。

（2）GraphFrames 库简介。

（3）GraphFrames 图操作及图算法。

（4）GraphFrames 应用。

8.1 图

在计算机科学中，图是一种重要的数据结构，它具有强大的表达能力，广泛应用于通信网络、搜索引擎、社交网络及自然语言处理等领域。GraphFrames 是关于图的计算框架，理解图的概念对学习和掌握 GraphFrames 的相关内容是非常重要的。由于关于数据结构的书籍都有对图的详细介绍，因此这里仅回顾一些重要概念，为讲解后面内容提供基础。

一般地，图（Graph）是由顶点的非空有限集和边的有限集构成的，记作 $G=<V,E>$，其中，G 表示一个图，V 表示图 G 中顶点（Vertices）的集合，E 表示是图 G 中边（Edges）的集合，E 中的边连接 V 中的两个顶点。若 E 为空，则图 G 中只有孤立顶点，没有边；若 E 中的边没有方向，如图 8-1 中 $G1$ 所示，则用无序顶点对表示边，构成的图称为无向图（Undirected Graph）；若 E 中的边有方向，如图 8-1 中 $G2$ 所示，则用有序顶点对来表示边，构成的图称为有向图（Directed Graph）。若两个顶点有边相连，称这两个顶点相邻

（Adjacent），它们的边称为与两个顶点关联（Incident）。

对于图 8-1 所示的无向图 $G1$，顶点集 $V=\{a,b,c\}$，边集 $E=\{(a,b),(a,c),(b,c)\}$；有向图 $G2$ 的顶点集 $V=\{a,b,c,d\}$，边集 $E=\{<a,b>,<a,c>,<c,b>,<c,d>,<b,d>\}$。

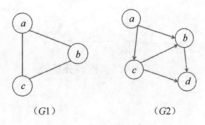

图 8-1 无向图和有向图

8.1.1 度

对于无向图，顶点的度是指连接于该顶点的边的总和。图 8-1 中 $G1$ 的顶点的度都为 2。对于有向图，顶点的度分为出度和入度，出度是指离开顶点的有向边的条数，入度是指进入该顶点的有向边的条数。图 8-1 中 $G2$ 的顶点 c，出度为 2，入度为 1。

8.1.2 路径和环

图中的路径 P 是指：一个连接两个不同顶点的序列 $v_0e_0\cdots v_ie_j\cdots e_{k-1}v_k$，其中 $v_i \in V, 0<i<k$；$e_j \in E$，$0<j<k-1$，e_j 与 v_i、v_{i+1} 关联，且序列中的顶点（内部顶点）各不相同。其中 k 称为路径 P 的长度。若路径的起点和终点相同则称路径 P 为环。长度为 1 的环称为自环（loop），即边的起点和终点为同一顶点。

若两顶点之间存在路径，则称两个顶点连通（Connected），若图 G 中任意两个顶点均连通，则称 G 是连通图；若 G 是有向的，则称 G 是强连通图。

（1）连通分量（Connected Component，CC）

无向图 G 的极大连通子图称为 G 的连通分量。连通图的连通分量只有一个，即是其自身，非连通的无向图有多个连通分量，如图 8-2 所示。

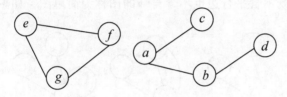

图 8-2 无向图的连通分量

（2）强连通分量（Strongly Connected Component，SCC）

有向图 G 的极大强连通子图称为 G 的强连通分量，强连通图也只有一个强连通分量，即是其自身。非强连通的有向图有多个强连通分量。如图 8-3 所示，顶点 a、b、c、d 构成的子图和顶点 e、g、f 构成的子图为两个强连通分量。

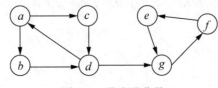

图 8-3　强连通分量

8.1.3　二分图

设 $G=(V,E)$ 是一个无向图，$V=V_1 \cup V_2$ 且 $V_1 \cap V_2 = \varnothing$，$\forall e \in E$，$e$ 关联的顶点 v_i 和 v_j，有 $v_i \in V_1$，$v_j \in V_2$，则称图 G 为一个二分图。简单地说，一个图的顶点可以被分成两部分，相同的部分的顶点不相邻，那这个图就是二分图，二分图是特殊的图，如图 8-4 所示。

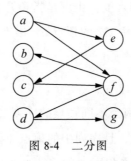

图 8-4　二分图

在某些情况下，在相同的图形中，可能希望顶点拥有不同的属性类型，这一般通过构建二分图完成。例如，将用户和产品建模成一个二分图。

8.1.4　多重图和伪图

从本书对图的定义可知，图中的边允许存在两种特殊情况：（1）平行边，即允许相同顶点之间有多条边；（2）自环即连接自身的边。一般把含有平行边的图称为多重图，把含有自环的称为伪图，既不含平行边也不含自环的图称为简单图，如图 8-5 所示。

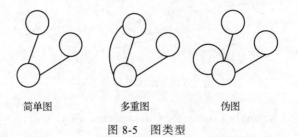

简单图　　　　　多重图　　　　　伪图

图 8-5　图类型

8.2 GraphFrames 介绍

8.2.1 应用背景

近年来，在应用领域中产出的图数据与日俱增，以社交网络为例，其月活跃用户总量往往是亿级规模，而用户之间的好友关系和日均记录分享量则都在数十亿级。解决此类存储、计算等问题的图数据库和图计算框架得到了广泛的关注。图数据库作为非关系型数据库的一个分支，发展势头迅猛。众多研究机构、组织和公司相继发布了自己的图数据库产品，如 Titan、Neo4j 和 HugeGraph 等。在图计算框架方向则出现了如 Pregel、Giraph、PowerGraph 和 GraphX 等一批优秀的并行图计算框架。

Pregel：Pregel 是 Google 内部的分布式图计算框架，在 2010 年 Google 发表了关于 Pregel 的论文，成为目前在大规模图计算领域中最有影响力的研究成果之一。Pregel 将不同数据节点进行分割，分别加载到不同的计算节点中，即基于点的划分方法。并行计算整体遵循 BSP 计算模型，每次计算由多个超步（Super Step）完成。在每个超步中，图数据节点计算采用以节点为中心的编程模型。Pregel 框架定义的数据模型和编程模型成为日后开源系统实现的参考和借鉴对象，有力地促进了并行图计算的发展。

Giraph：Giraph 是雅虎捐赠给 Apache 基金会的一个开源项目，它是运行在 Hadoop 之上的类 Pregel 图计算框架。Giraph 实现了 BSP 计算模型，同样支持用户以点为中心的脚本编程。相对于其他分布式图查询系统，图数据查询处理更易于和 Hadoop 平台进行集成。Giraph 在 Facebook 有重要的应用——图搜索服务。

PowerGraph（GraphLab）：PowerGraph 是一个支持异步执行方式、利用共享内存的并行图计算框架。它提出了 GAS（Gather-Apply-Scatter）计算模型，将高维度的点进行并行化，同时又引入了基于边划分的策略，建立高维度顶点的副本，划分关联边到不同的计算节点，使得每个计算节点上拥有均衡数量的边，从而提高查询执行效率。

GraphX：它是在 Spark 平台下，面向大规模图计算的组件，通过引入属性图，构建图计算基础模型。为了支持相关的图计算，GraphX 开发了一组基础功能操作，并提供一组类似 Pregel 的 API。GraphX 仍在不断利用 Spark 的并行计算能力扩充图算法，用来简化图计算的分析任务。

8.2.2 GraphFrames 库

GraphFrames 库是 Databricks 公司发布的基于 Spark 平台的并行图计算库,与来自加利福尼亚大学伯克利分校(UCB)和麻省理工学院(MIT)的开发人员共同合作完成,目前该项目托管在 Github 上。GraphFrames 基于 DataFrame 构建,受益于 DataFrame 的高性能和可拓展性,相对其他框架,它具有以下优点。

多语言支持:GraphFrames 同时提供 Python、Java 和 Scala 三种 API 接口。GraphFrames 支持图处理,部分算法是通过封装 GraphX 库的相关算法实现的。因此通过它,在 GraphX 中实现的算法也能在 Python 和 Java 中使用。

强大的查询能力:GraphFrames 和 Spark SQL 以及 DataFrame 一样具有强大的查询语句能力。

保存和载入图模型:GraphFrames 支持 DataFrame 结构的数据源,允许使用流行的 Parquet、JSON 和 CSV 等数据格式读写图数据。

8.2.3 使用 GraphFrames 库

目前 GraphFrames 库还没有并入 Spark 项目中,在使用该库时,需要安装 GraphFrames 包。如果使用 pyspark 或 spark-submit 命令,则要在命令后添加参数--packages,如下代码所示。

```
$pyspark --packages graphframes:graphframes:0.5.0-spark2.1-s_2.11
```

这样 PySpark 会使用 ivy 自动下载所需的依赖包,在默认情况下,依赖包保存在 Home 目录下的.ivy2 文件夹中。

或者使用 SparkConf 的 spark.jars.packages 属性指定依赖包,如下代码所示。

```
from pyspark import SparkConf
conf = SparkConf().set('spark.jars.packages'
,'graphframes:graphframes:0.5.0-spark2.1-s_2.11')
```

或者在 SparkSession 中配置 spark.jars.packages,如下代码所示。

```
from pyspark.sql import SparkSession
spark = SparkSession.builder.config('spark.jars.packages'
,'graphframes:graphframes:0.5.0-spark2.1-s_2.11')
.getOrCreate()
```

8.3 GraphFrame 编程模型

GraphFrame 是 GraphFrames API 的核心抽象编程模型,是图的抽象,从逻辑上可看作两部分：顶点 DataFrame 和边 DataFrame。顶点 DataFrame 必须包含列名为"id"的列，并作为顶点的唯一标识。边 DataFrame 必须包含列名为"src"和"dst"的列，并用来保存头和尾的唯一标识 id。另外，与 GraphX 的属性图类似，GraphFrame 中每一个顶点和边都可以添加用户自定义的属性，如图 8-6 所示。

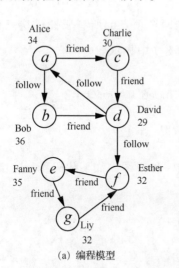

id	name	age
a	Alice	34
b	Bob	36

(b) 顶点表

src	dst	relationship
a	c	friend
a	b	follow

(c) 边表

(a) 编程模型

图 8-6 社交网络示例

8.3.1 GraphFrame 实例

在 GraphFrames 中，一般通过实例化 GraphFrame 类来创建一个图，对于复杂的图，可以从文件、数据库或其他数据源加载数据，本节仅在 PySpark 交互模式下演示基本的使用方法，在后续应用章节中，将使用文件加载数据。如果是编写一个独立的 GraphFrames 程序，而不是在 PySpark 交互模式下运行，则需要先按照介绍的方式创建 SparkSession 对象。

创建点集 vertices 包含两个顶点，自定义属性是 name 和 age；边集 edges 包含一条边，自定义属性是 relationship。

```
>>> vertices = spark.createDataFrame([
    ("a", "Alice", 34),
    ("b", "Bob", 36)]
   , ["id", "name", "age"])
>>> edges = spark.createDataFrame([
    ("a", "b", "friend")]
   , ["src", "dst", "relationship"])
```

使用定义的点集 vertices 和边集 edges 构建图 graph。

```
>>> from graphframes import GraphFrame
>>> graph = GraphFrame(vertices,edges)
```

8.3.2 视图和图操作

GraphFrame 提供四种视图：顶点表视图、边表视图、三元组视图以及模式视图，四个视图返回类型都是 DataFrame。顶点表和边表视图等同于构建图时使用的顶点和边 DataFrame，三元组视图包含了一条边及其关联的两个顶点的所有属性，这三种视图如图 8-7 所示，模式视图因图形无法表示因此先不在图 8-7 中显示。

图 8-7 三种视图

通过 GraphFrame 提供的三个属性可以获得前三种视图，如下代码所示。

```
>>> graph.vertices.show()
+---+-----+---+
| id| name|age|
+---+-----+---+
|  a|Alice| 34|
|  b|  Bob| 36|
+---+-----+---+
>>> graph.edges.show()
+---+---+------------+
|src|dst|relationship|
+---+---+------------+
|  a|  b|      friend|
+---+---+------------+
>>> graph.triplets.show()
+--------------+---------------+------------+
|           src|           edge|         dst|
+--------------+---------------+------------+
|[a, Alice, 34]|[a, b, friend]|[b, Bob, 36]|
+--------------+---------------+------------+
```

另外，通过 GraphFrame 提供的三个属性：degrees、inDegrees 和 outDegrees 可以获得顶点的度、入度和出度，如下代码所示。

```
>>> graph.degrees.show()
+---+------+
| id|degree|
+---+------+
|  b|     1|
|  a|     1|
+---+------+
>>> graph.inDegrees.show()
+---+--------+
| id|inDegree|
+---+--------+
|  b|       1|
```

```
+---+---------+
>>> graph.outDegrees.show()
+---+---------+
| id|outDegree|
+---+---------+
|  a|        1|
+---+---------+
```

由结果可见：三个属性都是 DataFrame 类型，通过 DataFrame 的 filter 等方法进一步处理；三个属性分别只显示度、入度和出度大于零的顶点。

8.3.3 模式发现

除了三个基本视图，GraphFrame 通过 find 方法提供了类似于 Neo4j 的 Cypher 查询的模式查询功能，其返回的 DataFrame 类型的结果称为模式视图。它使用一种简单的 DSL 语言来实现图的结构化查询，采用形如"(a)-[e]->(b)"的模式来描述一条有向边，其中(a)、(b)表示顶点、a 和 b 为顶点名；[e]表示边、e 为边名；->表示有向边的方向。顶点名和边名会作为搜索结果的列名，如果结果中不需要该项，可在模式中省略该名称。另外，模式中有多条边时，需要用分号";"连接，例如："(a)-[e]->(b);(b)-[e2]->(c)"表示一条从 a 到 b，然后从 b 到 c 的路径。如果要表示不包含某条边，可以在表示边的模式前面加上"!"，例如："(a)-[e]->(b);!(b)-[e2]->(a)"，表示不选取重边的边。

扩展上面定义的用户关系图，增加顶点和边。下面讲解模式查询的使用，指定模式查找如下代码所示。

```
>>> motifs = graph.find("(a)-[e]->(b); (b)-[e2]->(a)")
>>> motifs.show()
```

模式视图是 DataFrame 类型的，同样可以进行查询、过滤和统计操作。

```
>>> motifs.filter("b.age > 30").show()
```

8.3.4 图加载和保存

GraphFrame 是基于 DataFrame 构建的，用户可以通过 Spark SQL 提供的方法保存和加载图，如下代码所示。

```
>>> graph.vertices.write.parquet("hdfs://graph/test/vertices")
>>> graph.edges.write.parquet("hdfs://graph/test/edges")
```

读取图并构建新图，如下代码所示。

```
>>> v = spark.read.parquet("hdfs://graph/test/vertices")
>>> e = spark.read.parquet("hdfs://graph/test/edges")
>>> newGraph=GraphFrame(v, e)
```

8.4 GraphFrames 实现的算法

8.4.1 广度优先搜索

广度优先搜索（Breadth-First Search，BFS）是最常用的图搜索算法之一。

该算法的 API 如下。

```
bfs(fromExpr, toExpr, edgeFilter=None, maxPathLength=10)
```

其中，参数 fromExpr 表示 Spark SQL 表达式，指定搜索起点；toExpr 表示 Spark SQL 表达式，指定搜索终点；edgeFilter 指定搜索过程需要忽略的边，也是 Spark SQL 表达式；maxPathLength 表示路径的最大长度，若搜索结果路径长度超过该值，则算法终止。

该方法返回的是所有匹配路径的最短路径，如下代码所示。

```
>>> paths = graph.bfs("name = 'Esther'", "age < 32")
>>> paths.show()
+---------------+--------------+--------------+
|           from|            e0|            to|
+---------------+--------------+--------------+
|[e, Esther, 32]|[e, d, friend]|[d, David, 29]|
+---------------+--------------+--------------+
```

8.4.2 最短路径

GraphFrames 的最短路径算法实际上是通过封装 GraphX 的最短路径算法实现的，GraphX 实现的是单源最短路径，采用经典的 Dijkstra（迪杰斯特拉）算法。虽然算法命名是最短路径，但返回结果只有距离值，并不会返回完整的路径。

该算法的 API 如下。

```
shortestPaths(landmarks)
```

其中，参数 landmarks 表示要计算的目标顶点 ID 集。

该方法返回的是所有顶点到目标顶点的最短距离，如下代码所示。

```
>>> results = graph.shortestPaths(landmarks=["a", "d"])
>>> results.show()
+---+----------------+
| id|       distances|
+---+----------------+
|  g|              []|
|  b|              []|
|  e|[d -> 1, a -> 2]|
|  a|        [a -> 0]|
```

```
|  f|                []|
|  d|[d -> 0, a -> 1]|
|  c|                []|
+---+----------------+
```

最短路径算法生成的结果是忽略边的权重后，图中的每一个顶点到目标顶点的最短距离。

8.4.3 三角形计数

三角形计数（Triangle Counting）是用于确定图数据集中每个顶点的三角形数量。当计算三角形个数时，图都被作为无向图处理，平行边仅计算一次，自环则会被忽略。

三角形计数在社交网络分析中大量使用。一般来说，在一个网络里，三角形个数越多，这个网络连接越紧密。例如，一个重要的统计特征——全局聚类系数，就是基于三角形数量计算的，它是衡量社交网站中本地社区的凝聚力的重要参考标准。

该算法的 API 如下。

```
triangleCount()

>>> results = graph.triangleCount()
>>> results.select("id", "count").show()
+---+-----+
| id|count|
+---+-----+
|  g|    0|
|  f|    0|
|  e|    0|
|  d|    0|
|  c|    1|
|  b|    1|
|  a|    1|
+---+-----+
```

8.4.4 连通分量

连通分量（Connected Components）可用于发现图中的环，经常用于社交网络分析，发现社交圈子。该算法使用顶点 ID 标注图中每个连通体，将连通体中序号最小的顶点的 ID 作为连通体的 ID。另外，GraphFrames 0.3 版本以后的算法默认实现，需要使用检查点（Checkpoint），在使用之前，要设置检查点目录。如下代码所示。

```
>>> sc.setCheckpointDir("/tmp/checkpoint")
>>> result = graph.connectedComponents()
>>> result.select("id", "component").orderBy("component").show()
+---+------------+
| id|   component|
+---+------------+
|  g|146028888064|
```

```
|   d|412316860416|
|   e|412316860416|
|   f|412316860416|
|   a|412316860416|
|   b|412316860416|
|   c|412316860416|
+---+------------+
```

从结果可见,连通分量算法忽略边的方向,将图视作无向图。GraphFrames 还提供了强连通分量算法,它可以接收参数 maxIter,用来指定最大迭代次数,如下代码所示。

```
>>> result = graph.stronglyConnectedComponents(maxIter=10)
>>> result.select("id", "component").orderBy("component").show()
+---+-------------+
| id|    component|
+---+-------------+
|  g|  146028888064|
|  f|  412316860416|
|  e|  670014898176|
|  d|  807453851648|
|  b| 1047972020224|
|  c| 1047972020224|
|  a| 1460288880640|
+---+-------------+
```

8.4.5 标签传播算法

标签传播算法(Label Propagation Algorithm,LPA)最早是当社区发现问题时提出的一种解决方案。社区是一个模糊的概念,一般来说,社区是指一个子图,其内部顶点间连接紧密,而与其他社区之间连接稀疏,根据各社区顶点有无交集,可分为非重叠型社区和重叠型社区。

标签传播算法的优点是简单快捷、时间复杂度低、接近线性时间;缺点是结果不稳定。它的基本思路如下。

第一步:为所有顶点指定唯一的标签。

第二步:逐轮更新所有顶点的标签,直到达到收敛要求为止。对于每一轮的更新,顶点标签更新的规则是对于某一个顶点,考察其所有邻居顶点的标签,并进行统计,将出现个数最多的标签更新到当前顶点。当个数最多的标签不唯一时,随机选一个。

标签传播算法适用于非重叠社区,该算法的 API 如下。

```
labelPropagation(maxIter)
```

其中,参数 maxIter 表示迭代的最大次数。

```
>>> result = graph.labelPropagation(maxIter=5)
>>> result.select("id", "label").show()
+---+-------------+
| id|        label|
+---+-------------+
```

```
|  g| 146028888064|
|  b|1382979469312|
|  e| 670014898176|
|  a|1382979469312|
|  f| 412316860416|
|  d| 412316860416|
|  c|1047972020224|
+---+-------------+
```

8.4.6 PageRank 算法

PageRank 算法最初是拉里·佩奇和谢尔盖·布林用来解决搜索引擎中网页排名的问题，故又称为网页排名算法、Google 左侧排名或佩奇排名。该算法可以用来评估有向图中顶点的重要性。例如，用于在文献引用数据构成的论文引用网络中分析论文的影响力，评估社交网络中关注度高的用户。与三角形计数算法相比，PageRank 算法是相关性的度量，而三角形计数是聚类的度量。

关于 PageRank 算法的具体实现可查阅相关文献资料，限于篇幅，此处仅给出简单描述。

首先，初始化图中顶点的 PR 值（PageRank 值）为 $1/n$，n 是图中顶点的个数。然后，按照如下步骤进行迭代。

每个顶点将其当前的 PR 值平均分配到顶点的出边上，即 PR/m，m 为顶点的出度。

对每个顶点入边的 PR 值求和，得到顶点新的 PR 值。计算过程如下。

```
PR[i]= alpha + (1 - alpha) * sum(map(lambda j:oldPR[j]/outDeg[j],inNbrs[i]))
```

alpha 值是一个常数，一般设置为 0.15。用于保证算法收敛，inNbrs[i]是第 2 个顶点的相邻顶点数组，如果相较上一轮循环，整个图中的顶点的 PR 值没有明显改变，即 PR 值趋于稳定，算法退出。

该算法的 API 如下。

```
pageRank(resetProbability=0.15, sourceId=None, maxIter=None, tol=None)
```

其中，参数 resetProbability 表示算法里的常数 alpha，默认 0.15；sourceId 指顶点 ID，用于个性化 PageRank 算法，该参数可选；maxIter 指迭代的最大次数；tol 指最终收敛的公差值。

GraphFrames 中 PageRank 算法实际上也是通过封装 GraphX 的 PageRank 算法实现的，GraphX 实现了静态和动态的 PageRank 算法。

静态 PageRank：通过指定 maxIter 参数，该算法可以运行固定次数的迭代，生成图数据集中给定的一组顶点的 PR 值。

```
>>> results = graph.pageRank(resetProbability=0.15, maxIter=10)
>>> results.vertices.select("id", "pagerank").show()
```

动态 PageRank：该算法一直运行，直到 PR 值收敛于预定义的公差值为止，才通过指定 tol 参数。

```
>>> results = graph.pageRank(resetProbability=0.15, tol=0.01)
>>> results.vertices.select("id", "pagerank").show()
+---+-------------------+
| id|           pagerank|
+---+-------------------+
|  g| 0.1738851888731002|
|  b| 2.8343943013989703|
|  e| 0.1738851888731002|
|  a| 0.384503623895642741|
|  f| 0.24778639414416778|
|  d| 0.24778639414416778|
|  c| 2.9377589086708493|
+---+-------------------+
>>> results.edges.select("src", "dst", "weight").show()
+---+---+------+
|src|dst|weight|
+---+---+------+
|  a|  b|   0.5|
|  b|  c|   1.0|
|  e|  f|   0.5|
|  e|  d|   0.5|
|  a|  c|   0.5|
|  c|  b|   1.0|
|  f|  c|   1.0|
|  d|  a|   1.0|
+---+---+------+
```

8.5 基于 GraphFrames 的网页排名

本节使用斯坦福大学复杂网络分析平台（Stanford Network Analysis Project，SNAP）提供的数据为基础，使用 GraphFrames 作为图计算库，对网页进行排名，并对结果做可视化呈现。

8.5.1 准备数据集

通过浏览器访问 SNAP 官网，在 SNAP Datasets 目录下找到 Web graphs 分类中的 web-Google 数据集下载。该数据集共收录节点 875 713 个、边 515 039 个，数据以边的形式存储。

下例中，首先定义文件路径变量 filePath，其值为 web-Google 数据集路径，请读者自行修改，然后加载数据集创建边 DataFrame，加载之前需要先定义文件的模式（Schema）。

```
from pyspark.sql.types import *
filePath="file:///home/camel/Temp/web-Google.txt"
schema=StructType([StructField("src",LongType(),True
```

```
                            ,StructField("dst",LongType(),True)])
edgesDF = spark.read.load(filePath
                ,format='csv',schema=schema,delimiter='\t
                ',mode='DROPMALFORMED')
edgesDF.cache()
```

8.5.2 创建 GraphFrames

现在数据已经导入，接下来使用数据集创建图 GraphFrames。按照 GraphFrames 的要求，需要对数据集 edgesDF 做一些转换来获得顶点集 verticesDF：分别取出"src"和"dst"列，去重后合并为一个 DataFrames。

```
srcDF=edgesDF.select(edgesDF.src).distinct()
distDF=edgesDF.select(edgesDF.dst).distinct()
verticesDF=srcDF.union(distDF).distinct().withColumnRenamed('src','id')
verticesDF.cache()
```

可以使用 GraphFrame 方法创建一个 GraphFrame 对象。

```
from graphframes import GraphFrame
graph = GraphFrame(verticesDF,edgesDF)
```

8.5.3 使用 PageRank 进行网页排名

根据前面介绍的 PageRank 的用法，我们可以使用"静态 PageRank"算法迭代遍历图，计算出对各个节点的重要性的粗略估计。

```
ranks = graph.pageRank(resetProbability=0.15, maxIter=5)
```

8.6 小结

本章介绍了 Spark 的 GraphFrames 图计算库、图计算的基础知识及图计算的常用算法，并通过 GraphFrame 执行查询来完成大量的图数据操作，同时也展示了利用 DataFrame API 处理常见的图操作。

习 题

简答题

（1）什么是图结构？

（2）路径和环有什么区别？

（3）GraphFrames 是什么？

（4）PageRank 的算法原理是什么？

第 9 章 出租车数据分析

出租车是我们经常乘坐的交通工具，但是经常会遇到打车难的问题，给我们生活和工作带来诸多不便。本章介绍 Spark 在人们打车出行生活中的应用，该应用把某地区各出租车实时的并带有地理坐标的 GPS(Global Positioning System)点作为分析对象，使用 KMeans 聚类方法把出租车轨迹点按簇分类，通过该分类方法找到出租车出现密集的地方，并用地图的方式进行可视化展示，为人们的出行提供新的思路。

本章主要内容如下。
（1）准备数据并对数据特点进行分析。
（2）从文本文件创建 Spark DataFrame。
（3）使用 Spark 的机器学习库 KMeans 进行聚类。
（4）使用百度地图对聚类的结果进行可视化。

9.1 数据处理

一般情况下，在进行分析之前需要对数据的分布、状态等有一个整体的了解，从而确定数据使用哪种方法进行分析，进而对数据进行预处理。本章使用文本数据。打开数据观察发现，数据集合中存在缺失项或是 GPS 定位点坐标无效的情况，因此需要对此种情况进行处理。因为出租车点上传的速率非常快并且密度大，所以可以把其中缺失和无效的数据进行删除，对数据分析不会造成较大的影响。

出租车在载客时用 GPS 记录数据集，数据集采用格式为 CSV。CSV 格式是数据分析中常见的一种数据格式，CSV（Comma-Separated Values）即逗号分隔值，文件以文本的方式存储表格数据（包含数字和文本）。其中每一行代表一条记录，每条记录被逗号分隔为字段，并且每条记录都有同样的字段序列。本实验一共有 181 230 条记录，具体文件格式如表 9-1 所示。

表 9-1　　　　　　　　　　出租车 GPS 坐标点文件格式

tid	lat	lon	time
1	30.624815	104.136585	212118
1	30.626615	104.133359	180636
4	30.633123	104.076302	141935

其中，tid 为出租车编号，lat 为纬度，lon 为经度，time 为时间戳。tid 的值相同表示相同的车在不同的时间所处的位置。

部分数据如图 9-1 所示。

```
1,30.624811,104.136587,212017
1,30.624811,104.136596,211916
1,30.624811,104.136619,211744
1,30.624813,104.136589,211946
1,30.624815,104.136585,212118
1,30.624815,104.136587,212048
1,30.624815,104.136639,211714
```

图 9-1　出租车数据

9.2　数据分析

在上一节整理的数据的基础上，使用 Spark 从文本创建 DataFrame，并结合 KMeans 机器学习聚类方法，实现对出租车在空间位置上的聚类。KMeans 聚类可根据设定的聚类个数找出若干个聚类中心，对于出租车来讲就是出租车经常出现的位置点坐标。

9.2.1　创建 DataFrame

KMeans 聚类是 Spark 的组件 MLlib 中的方法，从 Spark 2.0 开始，数据分析的粒度从原来的底层 RDD 逐渐过渡到 DataFrame 层级，MLlib 组件也相应地产生了支持 DataFrame 的 API 接口，本节采用 KMeans 聚类方法的参数类型为 DataFrame，因此在使用之前需要使文本数据生成 Spark DataFrame 类型。其创建 Spark DataFrame 的主要过程如下。

（1）引入与 SQL 相关的包，初始化 Spark 上下文。

```
from pyspark.sql import SparkSession
from pyspark import SparkContext
sc = SparkContext("local[4]", "taxi")
```

（2）使用 textFile 函数读取 CSV 文件创建 taxi_data，然后使用 map 算子操作按照逗号分隔的文本创建 RDD。

```
taxi_data = sc.textFile("/home/pxy/data/taxi.csv")
taxi_rdd=taxi_data.map(lambda line:line.split(', '))
```

（3）创建矢量 RDD，矢量的两个参数分别为纬度和经度。下面的聚类函数需要 RDD 进行聚类。

```
from pyspark.ml.linalg import Vectors
taxi_row=taxi_rdd.map(lambda x: (Vectors.dense (x[1], x[2]), ))
```

（4）使用 SparkSession 创建 SQL 上下文并使用 createDataFrame 创建 DataFrame。

```
sqlsc=SparkSession.builder.getOrCreate()
taxi_df=sqlsc.createDataFrame(taxi_row, ["features"])
```

9.2.2 KMeans 聚类分析

KMeans 是最常用的聚类算法之一，它将数据点聚类成预定义的簇数。Spark MLlib 实现了并行化的 KMeans++聚类算法，KMeans 作为一个估计器（Estimator）来实现并生成 KMeansModel 模型，表 9-2 和表 9-3 表示模型数据的输入和输出。

表 9-2　　　　　　　　　　　　　　　　输入列

Param name	Type(s)	Default	Description
featuresCol	Vector	"features"	Feature vector

表 9-3　　　　　　　　　　　　　　　　输出列

Param name	Type(s)	Default	Description
predictionCol	Int	"prediction"	Predicted cluster center

输入和输出列是用户使用 KMeans 方法时的参数类型，默认的输入列名为 features，输出的列名为 prediction。KMeans 方法中包含若干参数，其中 k 为分簇个数，seed 为种子点，核心代码如下。

```
from pyspark.ml.clustering import KMeans    #引入聚类包
kmeans=KMeans(k=3,seed=1)    #聚成 3 类
model=kmeans.fit(taxi_df)     #注意，传入的 DataFrame 是矢量名称为 features 的集合
centers=model.clusterCenters()    #产生聚类集合
print centers
```

聚类的结果是一系列的点集，这些点集也就是出租车聚集的地区，上述代码将数据聚类成 3 类，如图 9-2 所示。

```
18/07/13 10:53:23 WARN BLAS: Failed to load implementation from: com.github.fommil.netlib.NativeSystemBLAS
18/07/13 10:53:23 WARN BLAS: Failed to load implementation from: com.github.fommil.netlib.NativeRefBLAS
[array([ 30.67598985, 104.01741982]), array([ 30.89504347, 103.65063611]), array([ 30.64562312, 104.07063581]),
```

图 9-2　聚类结果

9.3 百度地图可视化

9.2 节通过 Spark 提供的 KMeans 聚类方法已经找到了出租车聚集的地图坐标，但是并不能清楚地看到具体的位置，因此需要通过可视化的方法把数据在地图上进行展示。百度地图是国内顶级的地图服务提供商之一，在提供了基于位置服务的同时也提供了在不同平台下的对外开放接口，允许用户自定义地图并根据相应业务逻辑开发自己的地理信息应用。本节利用百度地图为开发者提供的第三方开发接口，对聚类结果进行可视化，让结果的展现更直接。

9.3.1 申请地图 key

在使用百度地图接口之前，需要通过百度地图的一个认证，用户要在百度地图开发平台中申请一个密钥 key。读者可以登录百度地图官网，注册个人账号，然后选择申请 key，申请界面如图 9-3 所示。

图 9-3　申请百度地图 key

单击"创建应用"按钮，创建应用结果如图 9-4 所示。

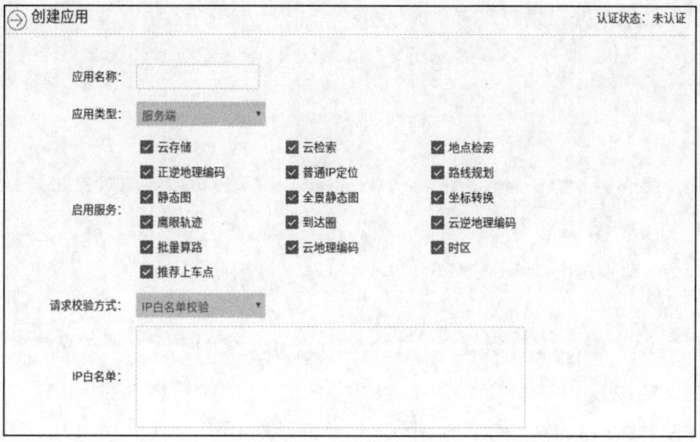

图 9-4　地图服务类型

根据需求可以勾选所需要的服务，这里默认全选即可，单击"提交"按钮，结果如图 9-5 所示，提交后即可在 key 列表里出现 key 值。

图 9-5 提交 key 服务申请

申请成功后，记下 key 值，注意在创建 key 的时候应该选择 JavaScript 接口（本章的可视化是在网页中进行的，因此选用 JavaScript 接口。在实际的项目或者实验中读者可以根据自己的实际情况进行选择），否则调用不成功。

9.3.2 聚类结果可视化

如果已经得到了聚类结果坐标，下一步就是把这些点可视化出来。根据百度开放平台提供的例子简单地编写一些 HTML 代码即可展示相应的点坐标，代码核心部分如下。

```html
<!DOCTYPE html>
<html>
<head>
<meta charset="utf-8" />
<title>KMeans 聚类可视化</title>
<!--引入百度地图 api-->
<script src="http://api.map.baidu.com/api?v=2.0&ak=你申请的 key 值"></script>
<!--引入 jquery-->
<script src="https://cdn.bootcss.com/jquery/2.1.1/jquery.min.js"></script>
</head>
<body>
<!-定义地图显示区域，并设置样式为全屏显示-->
<div id="map_canvas" style="position:absolute; top:0px; left:0px; right:0px; bottom:0px;"></div>
<script>
$(function(){
    var map = new BMap.Map('map_canvas');    //声明地图对象并与 DOM 绑定
    map.enableScrollWheelZoom();             //允许滑轮进行放大缩小
    map.centerAndZoom(new BMap.Point(104.01741982, 30.67598985), 13);//初始位置与范围
    map.addControl(new BMap.NavigationControl());// 添加平移缩放控件
    map.addControl(new BMap.ScaleControl());// 添加比例尺控件
    var myP1 = new BMap.Point(104.01741982, 30.67598985);  //声明点对象
    var myP2 = new BMap.Point(103.65063611, 30.89504347);
```

```
        var myP3 = new BMap.Point(104.07063581, 30.64562312);
        map.clearOverlays();         //清空地图中的对象
        var marker1 = new BMap.Marker(myP1);      //定义点样式，默认为红色水滴形状
        var marker2 = new BMap.Marker(myP2);
        var marker3 = new BMap.Marker(myP3);
        map.addOverlay(marker1);     //添加点到地图
        map.addOverlay(marker2);
        map.addOverlay(marker3);
</script>
</body>
</html>
```

最终效果如图 9-6 所示。

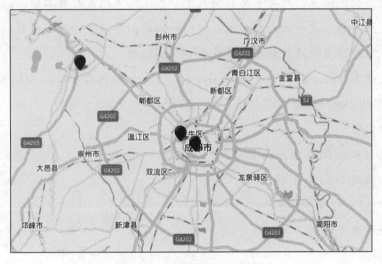

图 9-6　聚类结果地图可视化

9.4　小结

本章采用综合实例的方式对 Spark 进行应用。采用了出租车 GPS 点数据作为分析对象，使用 Spark 提供的 KMeans 方法对容易打到车的点进行了分析，最终对结果进行可视化。该过程思路比较简洁，主要让读者了解 Spark 在大数据分析中应用的场景，加深读者对 Spark 的理解。

第10章 图书推荐系统

在我们现在的生活中,推荐系统的使用十分广泛,无论是打开购物网站、视频网站还是流媒体短视频网站,这些网站都会根据我们的阅读浏览习惯推荐一些我们可能感兴趣的内容。本章就使用图书数据讲解推荐系统是如何实现的。

本章主要使用 Python 的 Web 框架 Django、Spark 的机器学习库 MLlib、内存数据库 Redis 和 Spark 的 DataFrame 实现对图书的个性化推荐。

本章主要内容如下。

(1) Python Web 框架 Django 简介。
(2) 如何使用 Django 创建项目。
(3) 基于 ALS 的推荐引擎设计。
(4) 系统设计与实现。

10.1 Django 简介

10.1.1 Django 是什么

Django 是一个高级、免费、开源的 Python Web 框架,它具备开发迅速和实用性强的特点。它已经实现了网站开发过程中的基础功能,例如,权限管理、模板系统、ORM 框架等,开发人员可直接使用,不用再重新编写算法。

Django 安装简单,如果在操作系统中没有安装 pip 包,则需要先安装 pip 包。pip 安装完毕后可以使用 pip install django 命令安装 Django,注意安装的时候需要使用 root 权限。本书使用的 Linux 环境为 Ubuntu,具体的命令如下。

```
sudo pip install django
输入 root 密码
```

执行 pip list 命令查看是否安装成功，如果 django 出现在列表中则表示安装成功。

10.1.2 ORM 模型

对象关系映射（Object Relational Mapping，ORM）是一种在面向对象编程语言里实现不同类型系统数据之间转换的程序技术。

ORM 是通过描述对面向对象程序设计中对象和数据库表之间映射的元数据，将程序中的对象自动保存在数据库中或者其他文件中。这样就可以让开发者专心于业务逻辑的实现，而不是花费大量的时间调试 SQL 语句，从而提高了数据库操作效率，减少了数据访问层的代码量。

Django 框架内部已经集成了一个 ORM 框架，按照 code first 的设计原则，开发者可以通过继承 models 模块的 Model 类，把数据表字段和 Python 类属性之间进行一一映射，然后通过执行同步命令就可以把自定义的数据表模型同步到数据库中。同步命令执行后，在 models.py 文件中定义的每一个类将会在数据库中被初始化为一个表格，每一个属性将会作为一个字段，字段类型与定义属性类型一致。Django 中 ORM 框架的使用示例代码如下。

```
class user(models.Model):
#name 字段 max_length 为字段长度，default 为默认值
name=model.CharFiled(max_length=50, default='')
email=model.EmailField()
password=model.CharField(max_length=8, default='')
```

10.1.3 Django 模板

Django 的模板为 Web 应用程序用户界面的实现提供了强大的工具。模板由 HTML 和模板语法关键词组成，并不需要用到 Python 的知识。

Django 模板采用前端模块化的思路，可以将模块的前端和后端进行封装，用继承和包含的方法实现模块的重用。HTML 之间可以通过 extends 关键字和 block 关键字进行相互嵌套。例如，定义一个基础模板 base.html，包含导航和页面整体的框架布局、头部导航区域 nav.html、中部内容区域 content.html 以及底部区域 bottom.html，代码如下所示。

1. base.html

```
<!DOCTYPE html>
<head>
    <meta charset="UTF-8">
    <title>demo</title>
</head>
<body>
<!--头部导航区域-->
{%block nav%}
```

```
{%endblock%}
<!--中部内容区域-->
{%block content%}
{%endblock%}
<!--底部区域-->
{%block bottom%}
{%endblock%}
</body>
</html>
```

2. top.html

```
{% extends 'base.html'%}
{%block top%}
<div ><h1>头部导航区域</h1></div>
{%endblock%}
```

3. content.html

```
{% extends 'base.html'%}
{%block content%}
<div ><h1>中部内容区域</h1></div>
{%endblock%}
```

4. bottom.html

```
{% extends 'base.html'%}
{%block bottom%}
<div ><h1>底部区域</h1></div>
{%endblock%}
```

最终效果如图 10-1 所示。

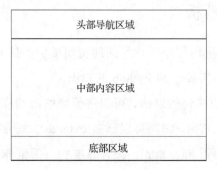

图 10-1　Django 模板继承

10.1.4　View 视图

Django 是一种基于 MVT（Model View Template）模型的 Web 开发框架。前端发送到后台的服务请求通过 view.py 文件中对应的函数进行处理。示例代码如下所示。

```
def index(request):
    book_list= book.objects.all()
    usr=request.session.get('user', None)          #获取当前登录用户名称
```

```
    userid=request.session.get('userid', None)    #获取当前登录用户的唯一标识 id
    return  render(request, 'home/index.html', locals())   #渲染主页并向模板传递数据
```

代码说明：定义一个视图名为 index，模型名为 book，通过 all( )方法获取 book 表中的所有内容。session 是用户与网站的会话状态，它存储在服务器端，当用户关闭浏览器后，会话状态关闭，退出登录。render 是渲染函数，第一个是请求参数；第二个是模板，它将会把 home 文件夹下的 index.html 文件渲染到浏览器中；locals 是该函数内所有变量的集合，被作为结果返回到前台模板中，前台可以根据模板语法将 Python 对象渲染成 HTML 代码块。

10.2　Django 项目搭建

上一节对 Django 的基本内容进行了介绍，本节开始创建 Django Web 项目，实现在线图书推荐系统。

10.2.1　创建项目

Django 内置了很多命令，安装完 Django 后会在系统内自动配置 django-admin 命令，用户可以通过在 Shell 中输入帮助命令查看 django-admin 后面的参数。

```
django-admin -h
```

使用 cd 命令进入即将创建项目的目录，注意目录名称不能是中文，否则会报错。使用如下命令创建项目。

```
django-admin startproject film   # startproject：创建项目   film：项目名称
```

项目创建成功后的 Django 项目结构，如图 10-2 所示。

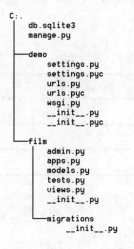

图 10-2　Django 项目结构

film/migrations/：用于记录 models 中数据的变更。

film/admin.py：映射 models 中的数据到 Django 自带的 admin 后台。

film/apps.py：在新的 Django 版本中新增应用程序的配置。

film/models.py：创建应用程序数据表模型。

tests.py：film/tests.py。

views.py：film/views.py。

创建项目后，可以使用 PyCharm 打开项目，并进行项目开发。

10.2.2 创建应用

使用 Django 开发 Web 程序时需要创建应用，例如，可以创建一个投票的应用，并且应用与应用之间相互独立性好，可以作为模块直接复用。Django 创建应用可以使用 python manage.py startapp 命令，在命令后面添加应用的名称。如创建用户权限控制应用的命令如下。

```
python manage.py startapp auth
```

创建项目后使用 cd 命令进入项目目录中，注意是与 manage.py 同级的目中。使用上述的命令创建应用。

10.2.3 创建模型

应用创建完毕后，通过修改 models.py 文件初始化数据表，该文件中包含了所设计的数据表模型。本文主要设计了 3 个数据表模型：用户模型（如表 10-1 所示）、用户图书模型（如表 10-2 所示）和图书模型（如表 10-3 所示）。用户登录系统在浏览图书的同时，系统会自动记录用户的编号、图书的编号和点击的次数，推荐系统会根据该数据进行模型训练从而实现相似图书的推荐。

表 10-1　　　　　　　　　　　　用户模型

字段	类型	说明
name	字符串	用户名
email	邮箱	用户邮箱
password	字符串	密码

```
class user(models.Model):
    name=models.CharField(max_length=50, default='')          #用户名
    email=models.EmailField()                                  #邮箱地址
    password=models.CharField(max_length=6, default='admin')   #密码
```

```
        def __str__(self):
            return self.name
        class Meta:
            verbose_name = "用户管理"                          #修改Admin后台App名称
            verbose_name_plural = "用户管理"
```

用户图书模型如表10-2所示。

表10-2　　　　　　　　　　　　　用户图书模型

字段	类型	说明
userid	整型	用户唯一id
bookid	整型	书籍唯一id
hitnum	整型	点击量

```
class hits(models.Model):
    userid=models.IntegerField(default=0)
    bookid=models.IntegerField(default=0)
    hitnum=models.IntegerField(default=0)
    def __str__(self):
        return str(self.userid)
    class Meta:
        verbose_name = "点击量"
        verbose_name_plural = "点击量"
```

图书模型如表10-3所示。

表10-3　　　　　　　　　　　　　图书模型

字段	类型	说明
name	字符串	书籍名称
price	浮点型	价格
cover	图片类型	封面
introduction	文本型	摘要
url	url型	链接地址
publish	字符串	出版社
rating	字符串	评分

```
class book(models.Model):
    name = models.CharField(max_length=50, blank=False, verbose_name="书名", default="")
    price = models.FloatField(blank=False, verbose_name="价格", default=0)
    cover = models.ImageField(verbose_name="封面",upload_to='upload',default='img/default.png')
    introduction=models.TextField(verbose_name="介绍",blank=True,default='')
    url=models.URLField(verbose_name='URL', blank=True, default='')
    publish=models.CharField(verbose_name='出版社',max_length=50,default='',blank=True)
```

```
        rating=models.CharField(verbose_name='评分', max_length=5, default='0')
    def __str__(self):
        return self.name
    class Meta:
        verbose_name = "图书管理"
        verbose_name_plural = "图书管理"
```

模型创建完毕后需要使用 django 命令同步数据库并在数据库中自动创建表。

```
python manage.py makemigrations
python manage.py migrate
```

10.3 推荐引擎设计

前面是对 Python 的 Web 开发框架 Django 进行了介绍,模拟用户在线阅读的点击行为,并对用户的行为进行记录,本实验的行为记录较为简单并保存在本地,主要用来说明问题即可,高并发等问题不是本书考虑的重点。本节主要对 Spark 提供的 ALS 推荐算法模块进行了介绍,并把用户的点击行为的数据作为输入进行模型训练,将训练后的模型保存到本地,并使用模型提供推荐。

10.3.1 导入数据

本章实验数据来自 GitHub 共享者 moverzp 提供的 GoodBooks 数据集,读者在 GitHub 中搜索 moverzp 即可找到该贡献者的仓库。该数据集是通过抓取豆瓣图书网站获得的,一共有 5 万多条数据,主要包含序号、书名、评分、价格、出版社、抓取链接的地址,数据格式如图 10-3 所示。

```
1 序号,书名,评分,价格,出版社,url
2 5173,動力取向精神醫學--臨床應用與實務,10.0 ,1200元,心靈工坊,https://book.douban.com
3 9929,水彩绘森活,10.0 ,29.8,人民邮电出版社,https://book.douban.com/subject/26115807/
4 10124,殷周金文集成(修订增补本共8册)(精),10.0 ,2400.00元,中华书局,https://book.douba
5 16628,纸雕游戏大书,10.0 ,99.00元,重庆出版集团,https://book.douban.com/subject/26673
6 19103,Michelangelo,10.0 ,$200.00 ,Taschen,https://book.douban.com/subject/2342660/
```

图 10-3 数据格式

为了在网页前端界面上进行展示,并对图书信息进行查看,需要先将图书信息导入数据库。该实验主要使用 Django 自动生成的 SQLite 数据库进行数据存储,通过 Python 脚本把.CSV 格式文件导入数据库。数据导入的主要思路是使用前后台交互的方式,在前端界面中选择需要导入的文件,后台接收数据后对文件进行解析,然后把数据逐条写入数据库,核心代码如下。

```python
#上传图书数据到服务器端并入库
def handle_upload_file(name, file):
    path=os.path.join(settings.BASE_DIR, 'uploads')    #服务器上传地址
    fileName=path+'/'+name                             #文件名
    with open(fileName, 'wb') as destination:          #接收数据并保存到服务器端
        for chunk in file.chunks():
            destination.write(chunk)
    insertToSQL(fileName)                              #将数据插入数据库中
def insertToSQL(fileName):
    txtfile=open(fileName, 'r')
    for line in txtfile.readlines():                   #逐行读取数据
        try:
            bookinfo = line.split(', ')                #数据按照逗号切分获取各个字段
            id = bookinfo[0].decode().encode('utf-8')      #图书编号
            name = bookinfo[1].decode().encode('utf-8')    #图书名称
            rating = bookinfo[2].decode().encode('utf-8')  #图书评分得分
            price = bookinfo[3].decode().encode('utf-8')   #图书价格
            publish = bookinfo[4].decode().encode('utf-8') #出版社
            url = bookinfo[5].decode().encode('utf-8')     #豆瓣链接
            try:
                #创建图书对象
                bk_entry=book(name=name, price=price, url=url, publish=publish, rating=rating)
                bk_entry.save()    #插入数据到数据库
            except:
                print 'save error'+id
        except:
            print 'read error '+id
#数据上传请求视图
def importBookData(request):
    if request.method=='POST':
        file=request.FILES.get('file', None)    #获取上传的文件信息
        if not file:
            return HttpResponse('None File uploads !')
        else:
            name=file.name
            handle_upload_file(name, file)
            return HttpResponse('success')
    return render(request, 'utils/upload.html')
```

注意在上传文件时，前端 HTML 代码编写如下，注意需要添加加粗代码部分，否则不能上传文件。

```html
<form action="" method="post" enctype="multipart/form-data">
```

```
        <label>请选择上传的文件：</label>
        <input class="form-control" type="file" name="file">
        <button class="btn btn-primary" type="submit">上传</button>
    </form>
```

10.3.2 训练模型

因为用户在访问图书网站的时候不一定会对图书进行评分，所以不根据用户评分来进行训练模型，而根据用户的浏览记录进行相似性推荐。在项目的后台业务逻辑中会收集用户的点击事件，记录下用户 id、图书 id 以及点击次数等信息，数据格式如表 10-4 所示。

表 10-4　　　　　　　　　　　用户图书浏览记录表

用户 id	图书 id	点击次数
1035	1	1
1035	2	1
1044	1	1
1046	1	1

因为不根据用户评分进行训练，所以在训练时采用隐式评分模型，核心代码如下。

```
sc = SparkContext("spark://pxy-pc:7077", "recommend")    #获取 Spark 上下文
txt= sc.textFile('file:///home/pxy/data/hit.txt')         #读取本地用户浏览记录文件
ratingsRDD= txt.flatMap(lambda x:x.split()).map(lambda x:x.split(','))   #用户
记录转换为 RDD
sqlContext=SparkSession.builder.getOrCreate()             #创建 sqlContext
from pyspark.sql import Row
user_row= ratingsRDD.map(lambda x:Row(                    #将 RDD 转换成行数据
userid=int(x[0]), bookid=int(x[1]), hitnum=int(x[2])
))
user_df=sqlContext.createDataFrame(user_row)              #创建 DataFrame
user_df.registerTempTable('test')                         #登录临时表
datatable= sqlContext.sql("select userid, bookid, sum(hitnum) as hitnum from
test group by userid, bookid")                            #统计用户点击过得图书次数
bookrdd= datatable.rdd.map(lambda x:(x.userid, x.bookid, x.hitnum))
model= ALS.trainImplicit(bookrdd, 10, 10, 0.01)           #训练模型
import os
import shutil
if os.path.exists('recommendModel'):                      #判断是否存在模型文件夹
    shutil.rmtree('recommendModel')                       #递归删除文件夹
model.save(sc, 'recommendModel')                          #保存模型到本地
```

模型保存到本地后打开文件夹可以看到模型数据目录树如图 10-4 所示。

```
── product
│   ├── part-00000-0c0fe99b-74c6-4087-92dc-1acb848a9d6a-c000.snappy.parquet
│   ├── part-00001-0c0fe99b-74c6-4087-92dc-1acb848a9d6a-c000.snappy.parquet
│   ├── part-00002-0c0fe99b-74c6-4087-92dc-1acb848a9d6a-c000.snappy.parquet
│   ├── part-00007-0c0fe99b-74c6-4087-92dc-1acb848a9d6a-c000.snappy.parquet
│   ├── part-00008-0c0fe99b-74c6-4087-92dc-1acb848a9d6a-c000.snappy.parquet
│   ├── part-00009-0c0fe99b-74c6-4087-92dc-1acb848a9d6a-c000.snappy.parquet
│   ├── part-00010-0c0fe99b-74c6-4087-92dc-1acb848a9d6a-c000.snappy.parquet
│   ├── part-00014-0c0fe99b-74c6-4087-92dc-1acb848a9d6a-c000.snappy.parquet
│   ├── part-00015-0c0fe99b-74c6-4087-92dc-1acb848a9d6a-c000.snappy.parquet
│   ├── part-00017-0c0fe99b-74c6-4087-92dc-1acb848a9d6a-c000.snappy.parquet
│   ├── part-00018-0c0fe99b-74c6-4087-92dc-1acb848a9d6a-c000.snappy.parquet
│   ├── part-00019-0c0fe99b-74c6-4087-92dc-1acb848a9d6a-c000.snappy.parquet
│   ├── part-00021-0c0fe99b-74c6-4087-92dc-1acb848a9d6a-c000.snappy.parquet
│   ├── part-00025-0c0fe99b-74c6-4087-92dc-1acb848a9d6a-c000.snappy.parquet
│   ├── part-00028-0c0fe99b-74c6-4087-92dc-1acb848a9d6a-c000.snappy.parquet
│   └── _SUCCESS
└── user
    ├── part-00000-3d3b87a9-762f-4430-9cce-71696012183c-c000.snappy.parquet
    ├── part-00005-3d3b87a9-762f-4430-9cce-71696012183c-c000.snappy.parquet
    ├── part-00006-3d3b87a9-762f-4430-9cce-71696012183c-c000.snappy.parquet
    ├── part-00007-3d3b87a9-762f-4430-9cce-71696012183c-c000.snappy.parquet
    └── _SUCCESS
```

图 10-4 模型数据目录树

10.3.3 图书推荐

模型训练完毕后，可以通过 MatrixFactorizationModel 类的 load 方法加载模型，该方法有两个参数，第一个参数 spark 初始化上下文，第二个参数为用户编号。可以通过 recommendProducts 函数对用户进行图书推荐，该函数有两个参数，第一个参数为用户编号，第二个参数为推荐的图书数量，可以通过前端请求灵活设定推荐的数目。把用户推荐的结果存到 Redis 内存数据库中，后台定时执行该训练代码更新数据库，随着用户浏览量和系统用户量的增加，推荐会越来越准确。核心代码如下。

```
pool = redis.ConnectionPool(host='localhost', port=6379)
redis_client = redis.Redis(connection_pool=pool)
sc = SparkContext("spark://pxy-pc:7077", "recommend")
def getRecommendByUserId(userid, rec_num):
    try:
        model=MatrixFactorizationModel.load(sc, 'recommendModel')
        result=model.recommendProducts(userid, rec_num)
        temp=''
        for r in result:
            temp+=str(r[0])+', '+str(r[1])+', '+str(r[2])+'|'
        redis_client.set(userid, temp)
        print 'load model success !'
    except Exception, e:
        print 'load model failed!'+str(e)
    sc.stop()
```

推荐效果如图 10-5 所示。

图 10-5　图书推荐

10.4　系统设计与实现

10.4.1　Bootstrap 介绍与使用

Bootstrap 是 Twitter 推出的一个用于前端开发的开源工具包。它由 Twitter 的设计师马克·奥托（Mark Otto）和雅克布·桑顿（Jacob Thornton）合作开发，是一个 CSS/HTML 框架。目前，Bootstrap 最新版本为 3.0，它的中文网站为广大国内开发者提供详尽的中文文档、代码实例等，帮助开发者掌握并使用这一框架，官网中文文档下载界面如图 10-6 所示。

图 10-6　Bootstrap 官网

Bootstrap 已经定义了包括按钮、表单、表格等基本元素在内的多种不同的样式，不需要开发者重新写 CSS 样式来控制外观。同时 Bootstrap 还提供了栅格布局结构，用户可以通过简单的 class 设置即可实现响应式布局以适应不同屏幕尺寸的终端。

关于 Bootstrap 的使用，读者可以通过登录 Bootstrap 的中文网站进行下载，或者直接引用官网上提供的免费 CDN（Content Delivery Network）服务链接。

使用 CDN 时候，如果网络链接断开会导致样式访问不到，网站排版错乱。

Bootstrap 除了包含一个 CSS 文件之外，还包含有 bootstrap.min.js 文件，因为 JS 文件是基于 jQuery 开发的，所以在引用 Bootstrap 时候需要先引入 jQuery，引用方式如下。

```
<link     rel="stylesheet"     href="https://cdn.bootcss.com/bootstrap/3.3.7/css/
bootstrap.min.css">
   <script src="https://cdn.bootcss.com/jquery/2.1.1/jquery.min.js"></script>
   <script src="https://cdn.bootcss.com/bootstrap/3.3.7/js/bootstrap.min.js">
</script>
```

10.4.2　Redis 数据库安装与使用

Redis 数据库是一个基于内存的数据库，查询速度快，一般用来作为缓存数据库，如页面缓存、电商抢购模式的消息队列等。在本实验中使用的 Redis 数据库将对每个用户的推荐结果存储起来，前台可以实现快速查询。

在 Ubuntu 操作系统里面很容易实现 Redis 数据库的安装，读者可以使用阿里云的镜像库替换 Ubuntu 的软件仓库，可以加快软件的下载速度，具体的配置可以查阅网络相关资料或相关 Linux 书籍，Redis 安装命令如下。

```
sudo apt-get install redis-server
```

安装过程中可能会需要输入密码或者询问是否同意安装，按照提醒安装即可。安装完毕后需要测试是否安装成功。首先打开命令行窗口，然后在命令行窗口中输入 redis-cli-h，如果在屏幕中出现如图 10-7 所示的信息，则说明安装成功。

```
pxy@pxy-pc:~$ redis-cli -h
redis-cli 4.0.9

Usage: redis-cli [OPTIONS] [cmd [arg [arg ...]]]
  -h <hostname>      Server hostname (default: 127.0.0.1).
  -p <port>          Server port (default: 6379).
  -s <socket>        Server socket (overrides hostname and port).
  -a <password>      Password to use when connecting to the server.
  -u <uri>           Server URI.
  -r <repeat>        Execute specified command N times.
  -i <interval>      When -r is used, waits <interval> seconds per command.
                     It is possible to specify sub-second times like -i 0.1.
  -n <db>            Database number.
  -x                 Read last argument from STDIN.
```

图 10-7　redis 帮助查看

在键盘上同时按下"Ctrl+C"组合键即可退出交互命令行。

10.4.3 视图与路由设计

（1）创建用户登录视图。

用户登录后，后台接受到前台传来的用户名、密码，然后在数据库中进行查询是否存在该用户数据，如果存在则登录成功，并将用户名写入 session 中保持用户登录状态。核心代码如下。

```
def login(request):
    if request.method=='POST':                      #相应前台的 POST 事件
        name= request.POST.get('name')              #接收前台传递的用户名
        password= request.POST.get('password')      #接收前台传递的密码
        userEntry=user.objects.filter(name=name, password=password)   #查询数据库
        if userEntry.exists():      #判断是否存在用户
            request.session['user']=name        #用户名写入 session 会话
            request.session['userid']=userEntry[0].id
            return HttpResponseRedirect('/')
    return render(request, 'auth/login.html')
```

通常情况下管理系统的主页是在用户登录后才能进行查看的，如果用户没有登录则跳转到登录界面。在 Django 中该功能可以使用中间件来实现。在 Django 中，中间件其实就是一个类，在请求到来和结束后，Django 会根据自己的规则在合适的时间执行中间件中相应的方法。登录中间件的核心代码如下。

```
class AuthMiddleware(MiddlewareMixin):      #继承 MiddlewareMixin
    def process_request(self, request):     #重写 process_request 方法拦截用户请求
    #判断路径是否在白名单，如果在则放行，不在则拦截。如果存在会话则跳转到请求路径，否则跳转到登录界面
        if request.path_info in WHITESITE or str(request.path_info).startswith('/admin'):
            print request.path_info
        elif request.session.get('user', None):
            print request.path_info
        else:
            return HttpResponseRedirect('/login/')
```

（2）创建用户注册视图，核心代码如下。

```
def register(request):
    if request.method=='POST':
        name= request.POST.get('name')
        password= request.POST.get('password')
        userEntry=user(name=name, password=password)
```

```
            userEntry.save()
            return HttpResponseRedirect('auth/login.html')
    return render(request, 'auth/register.html', locals())
```

（3）创建用户点击视图，核心代码如下。

```
def getBookInfo(request):
    id=request.GET.get('id')
    bk= book.objects.get(id=id)
    #设置点击量
    username=request.session.get('user', None)
    currentuser=user.objects.get(name=username)
    try:
        hit=hits.objects.get(userid=currentuser.id, bookid=id)
        hit.hitnum += 1
        hit.save()
    except:
        hit=hits()
        hit.bookid=id
        hit.hitnum=1
        hit.userid=currentuser.id
        hit.save()
    from utils import tools
    data=str(currentuser.id)+', '+str(id)+', '+str(1)
    tools.writeToLocal('hit.txt', data)
    return render(request, 'home/detail.html', locals())
```

（4）创建主页，核心代码如下。

```
def index(request):
    book_list= book.objects.all()
    usr=request.session.get('user', None)
    userid=request.session.get('userid', None)
    return render(request, 'home/index.html', locals())
```

（5）创建推荐视图，核心代码如下。

```
import redis
pool = redis.ConnectionPool(host='localhost', port=6379)
redis_client = redis.Redis(connection_pool=pool)
def getRecommendBook(request):
    userid= request.GET.get('userid')
    recommendbook= redis_client.get(int(userid))
    booklist= str(recommendbook).split('|')
    bookset=[]
    for bk in booklist[:-1]:
        bookid= bk.split(', ')[1]
        bk_entry=book.objects.get(id=bookid)
        bookset.append(bk_entry)
    return render(request, 'home/recommend.html', locals())
```

（6）路由设计，核心代码如下。

Django 具有 Rest 服务的相关库，但是在实际操作中该库不容易被使用，所以本文采用的是通过 Django 的 URL 路由去设定 API 接口的路径和名称。

Django 路由系统就是让视图中的处理函数与请求的地址建立映射关系。针对浏览器发来的请求地址，路由系统会根据 urls.py 文件中的路由列表进行匹配，查找到与请求对应的处理方法，最后将处理结果返回到客户端，其中 urls.py 文件在项目创建的过程中会被自动创建，默认的 urls.py 文件的代码如下。

```
from django.conf.urls import url
from django.contrib import admin
urlpatterns = [ url(r'^admin/', admin.site.urls), ]
```

在设计程序接口时，为了便于和其他路由地址进行区分，在路由文件中添加的地址以 api 开头，设计代码如下。

```
urlpatterns = [
    url(r'^$', index, name='index'),                          #主页
    url(r'^admin/', admin.site.urls),                         #admin 后台
    url(r'^api/login/', login, name='login'),                 #用户登录
    url(r'^api/logout/', logout, name='logout'),              #退出登录
    url(r'^api/register/', register, name='register'),        #用户注册
    url(r'^api/getbookinfo$', getBookInfo, name='getbookinfo'), #获取图书信息
    url(r'^api/bookpush$', getRecommendBook, name='getrecommendbook'), #获取推荐图书
    url(r'^api/upload$', importBookData, name='importBookData'),  #导入图书
]
```

最终系统界面如图 10-8 所示。

图 10-8　系统运行界面

10.5　小结

本章使用 Spark 的 ALS 协同过滤推荐模块实现图书推荐功能，采用 Python 的 Web 框架 Django 实现推荐系统的搭建，使用 Bootstrap 作为前端框架、Redis 作为推荐结果的存储数据库。本章还系统性地对推荐系统的前、后端进行了介绍。